湖北省高等学校优秀中青年科技创新团队项目（批准号：T2020014）资助

新型低维电磁材料研究与纳电子器件设计

刘　娜◎著

科学技术文献出版社
SCIENTIFIC AND TECHNICAL DOCUMENTATION PRESS
·北京·

图书在版编目（CIP）数据

新型低维电磁材料研究与纳电子器件设计 / 刘娜著.
北京：科学技术文献出版社，2024.6. -- ISBN 978-7
-5235-1494-8

Ⅰ.TM22；TN15

中国国家版本馆 CIP 数据核字第 20249ZN696 号

新型低维电磁材料研究与纳电子器件设计

策划编辑：梅　玲　责任编辑：韩　晶　责任校对：王瑞瑞　责任出版：张志平

出　版　者	科学技术文献出版社	
地　　　址	北京市复兴路15号　　邮编　100038	
出　版　部	（010）58882943，58882087（传真）	
发　行　部	（010）58882868，58882870（传真）	
邮　购　部	（010）58882873	
官方网址	www.stdp.com.cn	
发　行　者	科学技术文献出版社发行　全国各地新华书店经销	
印　刷　者	北京厚诚则铭印刷科技有限公司	
版　　　次	2024年6月第1版　2024年6月第1次印刷	
开　　　本	710×1000　1/16	
字　　　数	198千	
印　　　张	14.25	
书　　　号	ISBN 978-7-5235-1494-8	
定　　　价	58.00元	

目　录

1

绪　论

1.1　物质磁性的基本特征和理论

磁性是物质的一种基本属性，从微观粒子到宏观物体，乃至宇宙天体，都具有某种程度的磁性，物质的磁性也具有多种形式，从抗磁性、顺磁性、反铁磁性到铁磁性、亚铁磁性，它们都具有不同的形成机制。

1.1.1　物质磁性的起源

一切物质的磁性都来源于原子的磁矩。原子的磁矩来源于电子磁矩和原子核磁矩。由于原子核的质量约为电子质量的 10^3 倍，原子核磁矩仅为电子磁矩的千分之一，因此电子是物质磁性的主要负载者，而核磁矩在一般讨论中可以略去。电子磁矩又分为轨道磁矩和自旋磁矩两部分，原子的磁矩是这两部分磁矩的总和。轨道磁矩来源于电子绕核旋转的轨道角动量，自旋磁矩来源于电子的内禀自旋。按照泡利不相容原理，每个轨道上最多只能容纳两个电子，其中一个电子自旋向上，即自旋与外加磁场方向一致，而另一个电子自旋向下，即自旋反向于外加磁场方向。因此，净自旋为零。自由基是含有奇数电子或含有偶数电子（N）的原子、离子或分子，但这些电子分布于大于 N/2 的轨道上。因此，自由基具有未成对电子，也就是说

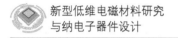
有净自旋。

未成对电子在空间的分布被称为自旋密度，它不同于分子体系的电子和电荷密度。自旋离域和自旋极化两种效应决定有机分子的自旋密度。自旋离域通过共轭或超共轭效应使未成对电子分布于分子体系中；自旋极化源于处于部分占据轨道上的未成对电子与成对电子之间不同的相互作用。我们还可以从另外一个角度来考虑自旋极化，即通过以下两个简单规则：①同一个原子内的电子自旋倾向于平行，这是原子内的洪德规则；②形成化学键的自旋为反方向自旋。利用以上规则，我们很容易解释自由基上（ – CH$_3$）[1]的自旋密度分布：碳原子具有正自旋密度；氢原子具有负自旋密度。由于未成对电子可以极化处于邻近 σ 和 π 轨道上的成对电子，使得轨道中的一个电子更加靠近两个成键原子中的某一个原子，造成两个成键原子都有一定的净自旋密度（总的正自旋密度与负自旋密度之差）。

通过理论计算可以确定（自由基）分子中各原子位置的自旋密度。最简单的方法是利用非限制的 Hartree-fock 模型，分别计算出各原子位置的总正自旋密度（S_α）和负自旋密度（S_β），然后计算出每个原子位置的过剩正自旋密度或负自旋密度（$S_\alpha - S_\beta$），即自旋密度。自旋密度也可以通过实验方法直接测定。总之，物质的磁性是物质本身的内禀性质，它主要起源于组成物质的原子内部的电子自旋及其自旋密度。

1.1.2 磁性的分类

物质的磁性在宏观上是以物质的磁化率 χ 来描述的。在外磁场 H 中，物质会被磁化，其磁化强度

$$M = \chi H。 \tag{1－1}$$

从这个意义上讲，这种被磁化了的物质就称为磁性物质。磁性物质在性质上有很大的不同，因此，有必要将磁性物质进行分类。物质的磁性大体上可分为下面几类[2-3]：

（1）抗磁性

当某些物质受到外磁场 H 的作用后感生出与 H 方向相反的磁化强度，其磁化率 χ 为 $10^{-7} \sim 10^{-6}$，与磁场和温度均无关，且为负值，这种磁性称为抗磁性。抗磁性物质没有原子固有磁矩，它通常包括惰性气体、许多有机化合物、若干金属和非金属等。

（2）顺磁性

许多物质在受到外磁场的作用后感生出与磁化磁场同方向的磁化强度，其磁化率为 $10^{-5} \sim 10^{-3}$，且为正值，这种磁性称为顺磁性。顺磁性物质具有原子固有磁矩，它们在磁化磁场作用下有沿磁场方向取向的趋势。具有顺磁性的物质很多，典型的有稀土金属和铁族元素的盐类等。多数顺磁性物质的磁化率 χ 与温度 T 有密切的关系，服从 Curie 定律：

$$\chi = \frac{C}{T} \text{。} \qquad (1-2)$$

式中，C 为 Curie 常数，T 为绝对温度。然而，更多的顺磁性物质的 χ 与 T 遵守 Curie – Weiss 定律：

$$\chi = \frac{C}{T - \Theta} \text{。} \qquad (1-3)$$

式中，Θ 为临界温度，称为顺磁 Curie 温度或 Curie – Weiss 温度。

（3）反铁磁性

另有一类物质，当温度达到某个临界值 T_N 以上，磁化率与温度的关系与正常顺磁性物质相似，服从 Curie – Weiss 定律，但是，表现在式（1-3）中的 Θ 常小于零。当 $T < T_N$ 时，磁化率不是继续增大，而是降低，并逐渐趋于定值。所以，这类物质的磁化率在温度等于 T_N 时存在极大值。显然，T_N 是个临界温度，称为 Néel 温度。上述磁性称为反铁磁性。反铁磁性物质有过渡族元素的盐类及化合物，如 MoO、CrO、CoO 等。反铁磁性物质在 Néel 温度以下时，其内部磁结构按次晶格自旋呈反向排列，每一次晶格的磁矩大小相等、方向相反，故它的宏观磁性等于零，只有在很强的外磁场作用下才能显示出微弱的磁性。

（4）铁磁性

这种磁性物质和前述物质大不相同，它们只要在很小的磁场作用下就能被磁化到饱和，不但磁化率 $\chi > 0$，且数值达到 $10^1 \sim 10^6$ 数量级，其磁化强度 M 与磁场强度 H 之间的关系是非线性的复杂函数关系。反复磁化时出现磁滞现象，物质内部的原子磁矩是按区域自发平行取向的，这种类型的磁性称为铁磁性。具有铁磁性的元素不多，但具有铁磁性的合金和化合物各种各样，如 3d 金属（Fe、Co、Ni）和 4f 金属（Gd、Tb、Dy、Ho、Er 和 Tm）。当铁磁性物质的温度比临界温度—Curie 温度 T_C 高时，铁磁性将转变成顺磁性，并服从 Curie-Weiss 定律。

（5）亚铁磁性

除上面 4 种磁性外，另有一类物质，它在温度低于 Curie 温度 T_C 时像铁磁体，但其磁化率不如铁磁性物质那么大，为 $10^0 \sim 10^3$ 数量级，它的自发磁化强度也低于铁磁性物质；在高于 Curie 温度 T_C 时，它的特性逐渐变得像顺磁性物质。亚铁磁性物质的内部磁结构与反铁磁性相同，但相反排列的磁矩不相等，所以，亚铁磁性是未能完全抵消的反铁磁性的铁磁性。众所周知的铁氧体是典型的亚铁磁性物质。

综上所述，物质的磁性可分为抗磁性、顺磁性、反铁磁性、铁磁性和亚铁磁性 5 种，前 3 种为弱磁性，后两种为强磁性。强磁性对现代技术和工业起着极其重要的作用。随着新实验技术的使用和理论研究的发展，除上述 5 种磁性之外，又陆续发现了螺旋磁性、散铁磁性等更复杂的磁有序形式，扩大了磁学的研究领域。

图 1.1 所示为铁磁性（Ferromagnetism）、顺磁性（Paramagnetism）、反铁磁性（Antiferromagnetism）和抗磁性（Diamagnetism）材料的磁化率与温度的关系曲线[4]。

从自旋之间的相互作用来看，自旋的微观排列方式决定了磁性的微观分类。自旋之间相隔的距离较大，它们的相互作用可以忽略。也就是说，其自旋之间的耦合能远小于破坏自旋耦合的热振动能，自旋排列无序，形成的宏观物质具有顺磁性，称为顺磁体。自旋之间的相互作用逐渐增大，相应地，自旋之间的耦合能远大于热振动能，自旋将以一定的形式有序排列：当相邻自旋以相反方向排列，且相邻位置的自旋具有相同的磁量子数时，形成的宏观物质具有反铁磁性，称为反铁磁体；当相邻自旋以相反方向排列，但相邻位置的自旋具有不同的磁量子数时，形成的宏观物质具有亚铁磁性，称为亚铁磁体；当相邻自旋以同一方向排列时，形成的宏观物质具有铁磁性，称为铁磁体。除此以外，自旋还能以别的方式有序排列，相应地，形成的宏观物质表现出其他磁性。图 1.2 给出的是顺磁性、反铁磁性、亚铁磁性和铁磁性材料中自旋排列示意。

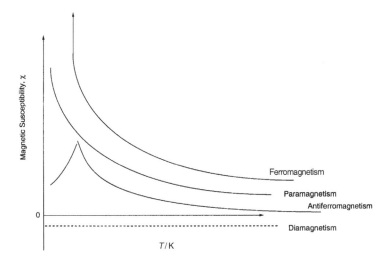

图 1.1 几种磁性材料的典型磁化率—温度关系曲线[4]

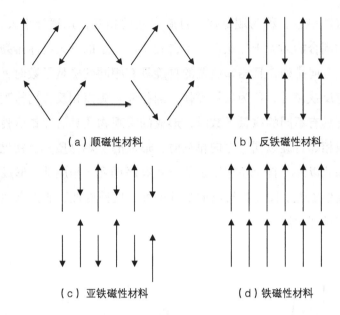

（a）顺磁性材料　　　　　　（b）反铁磁性材料

（c）亚铁磁性材料　　　　　　（d）铁磁性材料

图 1.2　顺磁性、反铁磁性、亚铁磁性和铁磁性材料中自旋排列示意

1.1.3　铁磁性的基本理论

　　物质的磁性是一个历史悠久的研究领域。1845 年，M. Faraday 确定了抗磁性和顺磁性的存在；作为现代磁学研究的先驱者，Curie 在 19 世纪末的工作意义重大。1895 年，Curie 在研究 O_2 气体的顺磁磁化率随温度的变化时，得到顺磁磁化率与温度成反比关系这一实验规律，即 Curie 定律。10 年以后，Langevin[5] 将经典统计力学应用到具有一定大小的原子磁矩体系中，从理论上说明了 Curie 的经验规律。关于铁磁性理论的系统研究工作始于 20 世纪初叶，1907 年，Weiss[6] 在 Langevin 顺磁理论的基础上，第一次成功地建立起铁磁性现象的物理模型，Weiss 假定原子磁矩之间存在使磁矩相互平行的力，这个力相当于在每个原子上起平均内磁场的作用，Weiss 称它为分子场，这种分子场驱使原子磁矩做有序取向，形成自发磁化，从而推导出铁磁性物质满足的 Curie-Weiss 定律。Langevin 和 Weiss 的理论从唯象的角度出色地说明了顺磁性和铁磁性行为，促进了近代磁学理论的形成。

　　铁磁性物质自发磁化的微观理论是在量子力学诞生之后才真正建立起来的。1928 年，Heisenberg[7] 把铁磁性物质的自发磁化归结为原子磁矩之间的直接交换作用，建立了局域性电子自发磁化的 Heisenberg 交换作用理论模型，从而正确地揭示了自发磁化的量子本质。这一理论不但成功解释了物质存在铁磁性、反铁磁性和亚铁磁性等实验事实，而且为进一步导出低温自旋波理论、铁磁相变理论及铁磁共振理论奠定了基础。Heisenberg 交换作用仅在电子波函数有所交叠时才存在，因此这是一种近距作用。在绝缘磁性化合物（通常称为铁氧体）中，金属阳离子被具有闭合壳层电子结构的抗磁性阴离子隔开，导致磁性离子之间的距离较大，磁性离子间的电子波函数不存在直接交叠。因此，这类化合物中的直接交换作用极其微弱，不可能成为磁有序的主要原因。Kramers[8] 提出了超交换作用（又称间接交换作用）模型来说明这类化合物中的磁有序状态。此后 Anderson[9] 又对模型进行了重要改进。在这一模型中，磁性离子的磁性壳层通过交换作用引起非磁性离子的极化，这种极化又通过交换作用影响到另一个磁性离子，从而使两个并不相邻的磁性离子通过中间非磁性离子的极化关联起来，于是产生了铁磁序。稀土金属及其合金的原子磁矩来自未满壳层的 4f 电子。4f 电子是内层电子，它们深深地"隐藏"于原子之中，外面有 $5s^2$ 电子和 $5p^6$ 电子做屏蔽。因此，4f 电子的波函数被紧紧地局限于原子核周围，不同原子的 4f 电子波函数几乎不发生重叠，这种情况下的磁关联则是以传导电子为媒介产生的，这种间接交换作用称为 RKKY[10-11] 作用。它实际上是借助传导电子的极化实现了原子磁矩之间的交换作用。RKKY 交换作用理论成功解释了稀土金属及其合金中的复杂磁结构现象。

　　上述理论的一个共同出发点是假定承担磁性的 d 电子或 f 电子由于强烈的电子关联被局域于各个原子之中从而产生固有的原子磁矩，因此这一模型又称局域电子模型。与此相反，另一种模型认为，过渡金属的磁电子是在原子之间扩展的，但又不同于自由电子，它们只能在各原子的 d 轨道之间游移，从而形成窄能带。这样的电子应当采用集体模式的能带理论来描写，还要考虑电子间的关联效应和交换作用。这种模型称为带模型或巡游电子模型，它是由 Bloch[12]、Mott[13]、Stoner[14] 和 Slater[15] 等提出并发展起来的一种模型。

上述局域电子模型和巡游电子模型互相对立，其早期的理论结果各自能解释一部分实验事实，可以说是功过各半。1973 年，Moriya 等[16] 提出了自洽的重整化理论，该理论从弱铁磁和反铁磁极限出发，考虑了各种自旋涨落模式之间的耦合，同时自洽地求出自旋涨落和计入自旋涨落的热平衡态，从而在自洽地描述弱铁磁性、近铁磁性和反铁磁性的许多特性上取得了新的突破。

总的说来，所有量子力学理论在说明磁有序问题时都以交换作用为基础，指出它是出现铁磁性、反铁磁性和亚铁磁性等的根本原因。

1.2 分子磁体

分子磁性材料是最新出现的新型磁性材料，具有很多优良的性质，如低密度、透明性、绝缘性等。同时它能对光信号做出反应，是制造磁光器件的首选材料。传统的层状过渡—稀土磁性材料所具有的磁性质，分子磁性材料都具有。分子磁性材料的铁磁转变温度已超过室温，且可根据需要制备出具有很高或很低矫顽力的分子磁性材料，相当高的剩余和饱和磁化强度也能被得到。分子磁性材料的出现为人们有效地利用磁性材料提供了新的空间。

人们对分子磁性材料的兴趣不仅来自技术，对其产生铁磁性的理论研究也同样激起人们很大的兴趣。传统的磁性材料大都是依靠金属原子或离子的 d 电子或 f 电子通过交换作用产生磁性，而分子磁性材料可以由有机原子或离子的 p 电子产生磁性。这种磁性还无须通过共价键将相邻的自旋格点连接在一起。很多分子磁性材料也含有金属离子，但其中的有机成分对其产生磁性的机制有重要作用。有时，产生磁性的自旋就在有机成分中，这样的有机成分起到了自旋耦合和使材料更加坚固的双重作用。另一些情形中，有机成分起到排列产生磁性的金属离子以促进其耦合的作用。磁性自旋出现在有机分子中的性质同传统的磁性材料形成鲜明的对比，且需要对磁性的产生根源重新进行解释。

物质磁性的微观起因在于其内部可以形成高自旋的电子态，或者使其电子自旋有序化。通常的铁磁性材料多为具有 3d 或 4f 轨道的金属、合金、矿物等无机材料，这些轨道可以存在稳定的未满电子壳层，提供稳定的磁矩源，在宏观上呈现强磁性。而由 C、H、O、N 等有机元素组成的有机化合物分子只有 s 电子或 p 电子，具有低自旋的电子态，呈现抗磁性。那么，对于基于分子设计的磁性材料，具有怎样结构的有机分子的基态是高自旋的？或者如何才可以构造具有高自旋的有机分子？与无机铁磁体类似，合成高自旋有机磁性材料必须具备以下两个条件：存在顺磁性单元（自旋）；自旋之间具有铁磁性相互作用。这里所指的铁磁性不是单个分子的性质，而是分子集合体（凝聚态）的性质。因此，在设计或制造以有机元素为主的分子铁磁体时，应该遵循以下两个原则。

①引入具有未配对电子的顺磁中心，它们既可以是各种过渡金属离子，也可以是各种含有未配对电子的有机自由基，甚至可以是孤子、极化子等有自旋的准粒子，或者是它们的组合等。

②以某种方式引入顺磁中心间的相互作用，使得相邻的顺磁中心间自旋平行，从而使得所有顺磁中心自旋趋于一致，这样才可能获得有机铁磁体。

以上我们讨论了有机铁磁体的理论设计思想，主要是一些设想，要获得真正稳定的有机铁磁体，还需要结合具体的材料进行进一步的理论和实验论证。

早在 20 世纪 60 年代，科学家们就开始了对分子磁性材料的研究工作，进入 20 世纪 80 年代才陆续有实验报道的结果，促进了对分子磁体的研究。至今，就化合物类型而言，它们可以分为两类：①C、H、O、N 等轻元素组成的有机化合物（相互作用的自旋占据 p 轨道）。它们大都是含有稳定 NO 自由基的化合物，为纯有机铁磁体。②电荷转移复合物（相互作用的自旋占据 d 轨道或 p 轨道），它们大都是含有金属的有机化合物，属于非纯有机铁磁体。这类复合物按其合成方法又可分为有机金属分子铁磁体和无机分子铁磁体。下面分别介绍其合成策略。

（1）有机分子铁磁体

顺磁中心均为有机自由基的顺磁分子组装成分子铁磁体的方法称为有机方法，用这种途径合成的铁磁体称为有机分子铁磁体，由于其纯粹由有机元素 C、H、O、N 等组成，其中不含任何金属离子，因此，有机分子铁磁体也称纯有机铁磁体。最有代表性的有机分子铁磁体是最早于 1986 年 Korshak[17-18]研究组报道的 Poly-BIPO 体系，在稳定的氮氧双自由基为侧基的聚合物中首次测到了表征铁磁性的磁化曲线；我国的曹镛等[19]在重复了 Korshak 等[17-18]结果的基础上，通过改变聚合条件和侧基结构，也获得了新的铁磁高聚物，且自发磁化强度是前者的 10 倍。上述成果引起了国际上的高度重视。日本东京大学固体物理研究所的 Tamura 等[20]和 Nakazawa 等[21]分别于 1991年和 1992 年报道了第一个磁性及结构完全表征的有机磁体（4 - 硝基苯氮基自由基），其居里温度为 0.6 K。Chiarelli 等[22]报道的双氮氧自由基的居里温度已达 1.48 K。此后随着对双自由基和多自由基研究的不断深入，有机磁体的研究得到了长足的发展。2001 年，Makarova 等[23]所在的研究组在《自然》杂志报道了一个在室温下工作的有机铁磁体，进一步激发科学家对有机铁磁体的研究兴趣。

（2）有机金属分子铁磁体

将顺磁中心为有机自由基合金配合物的顺磁分子组装成分子铁磁体的方法称为有机－无机方法，用这种途径合成的分子铁磁体称为有机金属铁磁体，其自旋载体为自由基和顺磁金属离子。在这种有机金属分子铁磁体材料的研制中，最常见的是电荷转移复合物。目前已合成出一些含金属离子的三维强磁性有机化合物[24-26]。[FeCp * 2]［TCNE］（TCNE = tetracyan oethylene）是最早发现具有宏观铁磁性的电荷转移复合物，其居里温度为 4.8 K。对于有机金属分子铁磁体，当务之急是提高其居里温度，使其具有商用开发的价值。Miller 等[27]合成了一种分子磁性材料［MnTTP］ – ［TCNQ］（TTP = meso-tetraphenylporphinato），其居里温度达到 18 K。

（3）无机分子铁磁体

顺磁中心均为顺磁金属离子组装成分子铁磁体的方法称为无机方法，用这种途径合成的分子铁磁体称为无机分子铁磁体，如一些 Mn（Ⅱ）– Cu（Ⅱ）、Cr（Ⅲ）– Cu（Ⅱ）及通过各种桥联配体连接的金属配合物。例如，Pei 等[28]报道了用草胺酸作为桥联配体与 Cu（Ⅱ）、Mn（Ⅱ）反应，制得 Cu、Mn 交替排列的链状配合物，Cu（Ⅱ）（S = 1/2）、Mn（Ⅱ）（S = 5/2）链间产生弱的铁磁性相互作用。

虽然近年来关于分子磁体的研究已有若干理论模型，对实验化学家定向设计与合成分子磁体和合理解释实验结果有一定的指导作用，但这些模型都存在一定的局限性，仍需要进一步发展和完善。

1.3　半金属铁磁体

半金属铁磁体是近年来日益受到关注的一种新材料，也是物质具有的一种新形态。在半金属铁磁体的能带结构中，两个自旋子能带分别具有金属性与绝缘性，从而产生自旋完全极化的传导电子，这一特性使它有可能在新一代微电子设备中发挥重要作用，并为极化输运理论及自旋电子学的研究开辟新的领域。

1.3.1　半金属铁磁体的基本特性

早在 1983 年，荷兰科学家 De Groot 等[29]发现了一类化合物，如 NiMnSb、PtMnSb 等，表现出很高的自旋极化率。如图 1.3 所示，从电子结构上看，这类化合物中一种自旋的电子具有金属性能带，另一种自旋的电子能带却具有半导体性或绝缘性，De Groot 将这一类材料命名为半金属铁磁体（Half-Metallic Ferromagnet，HMF）。

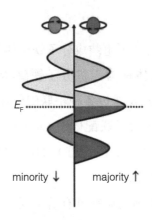

E_F

minority ↓　　majority ↑

图1.3　半金属铁磁体态密度（假设自旋向下的电子态密度具有能隙）[30]

这里所说的"半金属"（Half Metal）并非传统意义上的半金属（Semi Metal），传统的半金属是一种由于导带与价带有少量交叠（负带隙宽度）或导带底与价带顶具有相同能量（零带隙宽度），因此其宏观输运性质介于典型的金属与半导体之间的半金属。与此相反，De Groot 命名的这种半金属在宏观上通常表现为具有金属性的磁性化合物，但是在晶体结构、键的性质及较大的交换劈裂等因素的共同影响下，其能隙恰好只在一个自旋方向的子能带（通常为自旋向下子能带）中打开，从而实现了金属性与绝缘性在微观尺度下的共存。为了区分这两个不同的概念，我们把这种新的半金属称为 HMF。这样一种特殊的能带结构自然会带来一系列特殊的性质，其中最显著的表现是传导电子的完全自旋极化。如前所述，HMF 只有一个自旋子能带在费米面上有传导电子分布，因而所有的传导电子都具有相同的自旋方向。根据自旋极化率 SP 的一般定义，有

$$SP = \frac{N_\uparrow(E) - N_\downarrow(E)}{N_\uparrow(E) + N_\downarrow(E)}。 \qquad (1-4)$$

其中 $Na(E)$ 是能级 E 上自旋为 a 的电子态密度（$a =$ ↑，↓）。HMF 在费米能级上的电子自旋极化率为百分之百，远远超过了一般铁磁金属及其合金的极化率范围（$SP = 10\% \sim 40\%$）。正是这种极限下的完全极化输运性质，为新一代电子器件提供了有价值的材料。

HMF 的其中一个特征是整数磁矩，即所谓的"磁矩量子化"现象[31]。在一般的铁磁元素金属中，单原子平均磁矩多半不是玻尔磁矩的整数倍，如 Fe 的单原子平均磁矩为 2.2 μ_B。这种分数磁矩的现象通常可用斯通纳模型的简单图像来解释，因为这些普通磁性金属的自旋向上、向下两个能带都只被部分占据，平均每个原胞可容纳的电子数密度 n^+、n^- 及其差值都不是整数。但在 HMF 中，自旋向下的子能带被占满，平均每个原胞容纳的自旋向下的电子数密度 n^- 必为整数值，于是在另一个子能带中容纳的自旋向上的电子数密度 $n^+ = n - n^-$（n 为原胞中的价电子总数）也是一个整数，最终导致平均磁矩 $m = (n^+ - n^-) \mu_B$ 为整数值（μ_B 为玻尔磁矩）。事实上，早在 20 世纪 50 年代初期，Castelliz 就测量了 NiMnSb 的磁矩并发现它接近玻尔磁矩的 4 倍[32]。

由于 HMF 中费米面上自旋向下的电子态密度为零，传导电子要改变自旋方向跳到另一个子能带中（Stoner 激发），必须克服从费米面到自旋向下能带导带底的能隙。若没有足够的能量，这样的自旋翻转就不会发生。这种在低温或低场下对 Stoner 激发的禁止也是 HMF 的特征，它会对磁化强度、电阻等物理量随外界条件的变化关系产生影响。以 NiMnSb 为例，在低温时，它的磁化强度与温度 T 的关系满足

$$M(T) = M(0)(1 - BT^{3/2})。 \qquad (1-5)$$

与传统的海森伯磁体一致，只有当温度大于 80 K 时，其磁化强度才会表现出一般的巡游铁磁体具有的温度效应[31, 33]。所有这些 HMF 的特征一方面为理论研究提供了有趣的课题；另一方面使人们有可能从实验上找到关于 HMF 的应用依据，为这个领域的进一步开拓奠定基础。

1.3.2　半金属铁磁体的分类

迄今为止，理论上预言或实验上已经合成的半金属铁磁体可根据结构的

不同分成以下几类[34]：

（1）霍伊斯勒（Heusler）和半霍伊斯勒（Half-Heusler）型

Heusler 结构为面心立方，空间群为 Fm3m，具有这种结构的半金属铁磁体有 CO_2MnSi、CO_2CrAl 等。Half-Heusler 结构也为面心立方，空间群为 $F\bar{4}3m$，具有这种结构的半金属铁磁体有 NiMnSb、FeMnSb 等。Heusler 和 Half-Heusler 结构材料 d 电子交换劈裂都比较大，并导致 d 电子倾向于费米面极化。但是，Heusler 结构呈现 Oh 对称性，而 Half-Heusler 结构只呈现出 Td 对称性。这种对称性破缺不仅使时间反演对称性破缺，还让空间对称性和连接对称性也产生破缺，进而引起较大的自旋劈裂。同时，还会产生电子的键合和电子态的耦合及点群对称性的破缺，这是导致半金属性的重要原因[35]。

（2）磁性金属氧化物 CrO_2 和 Fe_3O_4 等

CrO_2 是一种技术上非常重要的过渡金属氧化物铁磁材料。但直到 1986 年，才由 Schwarz[36] 提出的自洽能带结构理论计算出 CrO_2 具有半金属铁磁性。2001 年，用点接触 Andreev 反射法测得的 CrO_2 单晶膜样品极化率可达到 $(96 \pm 1)\%$[37]。Fe_3O_4 具有尖晶石结构，为亚铁磁材料。在所有的半金属材料中居里温度最高，达到 860 K。同时，它也具有室温下最高的自旋极化率，高达 84%[38-39]。

（3）双钙钛矿结构型

这类半金属材料有 Ca_2FeMoO_6、Sr_2FeMoO_6、Ba_2FeMoO_6 和 Ca_2FeReO_6 等。值得一提的是，这类材料自旋向下的电子具有金属性能带，而自旋向上的电子能带却具有半导体性，与其他类型的半金属铁磁体相反。

（4）掺杂的钙钛矿锰氧化物 $Ln_{1-x}A_xMnO_3$（Ln 代表三价稀土族元素，A 代表 Ca、Sr）

基于双交换作用，这类氧化物的电子输运性质与系统的磁结构密切相关[40]。只有当 Mn 离子的局域磁矩平行排列时，扩展态电子才能在不同离子间巡游。而巡游电子的自旋在强烈的 Hund 作用下与局域磁矩方向一致，从而引起传导电子的完全极化。Park 等[41] 最早从实验上测得，在 40 K 温度下，

$La_{0.7}Sr_{0.3}MnO_3$ 的自旋极化率为（100 ± 5）%，与理论的计算结果一致。除了半金属性外，这些锰氧化物还表现出一系列丰富的物理现象和与高温超导体类似的结构，是近几年来的一个研究热点。

（5）闪锌矿（Zincblende）相过渡金属磷族化合物（Pnictides）和硫族化合物（Chalcogenides）

这类化合物比较典型的有 VTe、CrTe、CrSe、CrSb 和 MnBi 等。但这类材料的闪锌矿相只是亚稳态，砷化镍相才是基态。这说明块状材料很难从实验合成，最多只能合成出较厚的薄膜或层状材料。

（6）稀磁半导体（Diluted Magnetic Semiconductors，DMS）

III-V 族半导体掺杂过渡金属，如 $Ga_{1-x}Mn_xAs$ 等；II-VI 族半导体掺杂过渡金属，ZnTe 掺杂 V，ZnO 掺杂 V、Cr、Mn 和 Fe 等；其他类型半导体掺杂过渡金属，TiO_2 掺杂 Co 等。

（7）有机半金属铁磁体

理论上已经预言的有机半金属铁磁体有 δ 相的 γ – NPNN[42]。

目前，如何提高极化电子注入半导体材料的自旋注入效率是半导体自旋电子学亟待解决的一个关键性问题。理论上已经证明，将自旋电子从电阻率较小的铁磁材料注入电阻率较大的半导体材料，注入效率低于 2%[43]。而这么低的注入效率主要是由电阻率的失配和铁磁金属极低的自旋极化率[31]导致的。如果以半金属作为自旋注入材料，由于传导电子极化率为 100%，有利于解决注入电阻率不匹配的问题[32]。因此，半金属铁磁体是非常理想的自旋注入源。此外，随着现代社会对信息存储和处理能力要求的不断提高，器件尺寸将会日趋小型化，小到数十纳米，甚至几纳米。这就要求相关材料在纳米尺度上仍然能保持较高的自旋极化率、优良的结构和稳定的性能。由于典型的半金属铁磁体都具有足够高的、接近 100% 的自旋极化率，人们自然希望使用半金属铁磁体作为关键部分来实现纳米尺度上性能稳定的自旋电子器件，如自旋阀、隧道结等。因此，半金属铁磁体的深入研究将极大地推动自旋电子学的快速发展。

1.4 与自旋电子学有关的几个概念和重要现象

过去的几十年，随着半导体工业的飞速发展，基于硅片的电子元器件尺寸越来越小，集成度越来越高。但这些传统的电子器件信息载体是电子电荷，只考虑电子和空穴两种载流子，严重阻碍了新一代电子器件的发展。为了突破这种限制，自旋电子学将电子的内禀属性——自旋引入器件，利用电子电荷和自旋两种载体共同进行信息处理和存储，产生了新一代的器件——自旋电子学器件。与传统的电子器件相比，自旋电子学器件具有非易失性、高速、高集成度和低能耗等优点。下面我们对与自旋电子学有关的概念和重要现象做简单介绍。

1.4.1 自旋流

正如传统的电子器件需要电荷流来存储和传输信息一样，自旋电子器件旨在利用电子自旋来存储和传输信息[44]。Sharma 对自旋流给出了一个通俗易懂的解释[45]。假设在一段导线中，自旋向上的电子和同数目自旋向下的电子沿相同方向运动，如图 1.4（a）所示，则自旋和自旋流被抵消，仅存在电荷流。正如在传统电子器件中，人们只利用电子的电荷自由度而忽略了自旋自由度；如果仅有自旋向上的电子沿着一个方向运动，如图 1.4（b）所示，则自旋流和电荷流都存在；若自旋向上的电子和同数目自旋向下的电子分别沿着相反的方向运动，如图 1.4（c）所示，则导线中净电荷流为零，但自旋流不为零，即得到了净电荷流为零的纯自旋流。因此可以看出，自旋流和电荷流有本质的不同。对于自旋流，因为没有电荷流传输，欧姆电阻不再适用。另外，电荷流具有时间反演不变性，即如果时间倒流，自旋流仍然会沿相同方向运动。

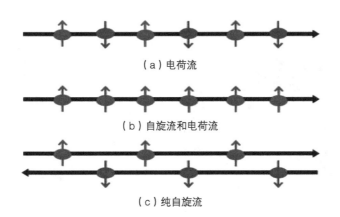

（a）电荷流

（b）自旋流和电荷流

（c）纯自旋流

图 1. 4　电荷流和自旋流示意（电子内不同的箭头方向代表不同的自旋方向）

1.4.2　磁阻效应

磁阻（Magnetic Resistance，MR）效应是自旋电子学的最基本效应，它是指某些金属或半导体材料的电阻随外加磁场的变化而改变的现象。磁阻表示的是电阻的变化率，其物理定义是在有、无磁场时电阻的差值与有磁场时的电阻的比值。第一种磁阻效应——各向异性电磁阻（Anisotropic Magnetic Resistance，AMR）效应，最先于 1857 年由英国物理学家 Thomson[46] 发现。虽然现在看来，AMR 效应非常弱（ca. 3%）并且对材料的费米表面依赖很大，但从发现到 1988 年，铁磁体中的 AMR 效应在制作磁传感器和磁盘的读取磁头等方面得到了很好的应用。后来，磁阻的发展又经过了 GMR（Giant Magnetic Resistance）效应、庞磁阻（Colossal Magnetic Resistance，CMR）效应、隧道磁阻（Tunnel Magnetic Resistance，TMR）效应等几个发展阶段。

（1）GMR 效应

1989 年，MR 效应取得了突破性的进展。法国科学家 Fert[47] 和德国科学家 Grünberg[48] 先后各自独立带领研究团队发现了磁阻比 AMR 大数十倍的 GMR 效应：非常弱小的磁性改变就能够引起磁性材料非常显著的电阻变化（图 1. 5）。

图 1.5 法国科学家 Fert（左）和德国科学家 Grünberg（右）

　　这种效应可以在由相间的磁性材料和非磁性材料组成的几纳米厚的薄膜层中观测到。例如，图 1.6 给出了由铁－铬薄膜相间组成的周期性多层薄膜系统。测量发现，不加磁场时，两相邻 Fe 层的磁化方向为反平行，此时多层薄膜的电阻较高；外加磁场后，相邻两 Fe 层的磁化方向由反平行逐渐变为平行，此时材料的电阻较低。这是因为，当外加磁场时，自旋方向与 Fe 层的磁化方向相同的电子会很容易通过第一个 Fe 层直到遇到散射层。假设中间 Cr 层的厚度小于电子的相干长度（Coherence Length），电子就会到达下一个 Fe 层。相邻 Fe 层为铁磁耦合时，由于和这一个 Fe 层的磁化方向相同，这些电子就会较容易通过，呈较小电阻。相反，相邻 Fe 层为反铁磁耦合时，由于电子的自旋方向和 Fe 层的磁化方向相反，界面会产生散射，通过的电子会减少，呈较大电阻。实验发现，Cr 层厚度为 9Å 的这种铁－铬周期性多层薄膜在温度为 4 K 时的 GMR 可以高达 79%，即使在室温时也可以达到 20%[48]。

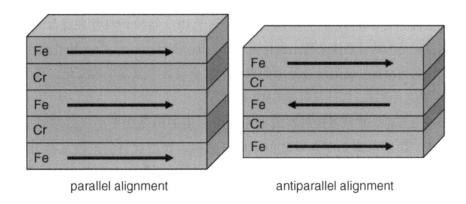

parallel alignment　　　　antiparallel alignment

图 1.6　由铁－铬薄膜相间组成的周期性多层薄膜系统［相邻铁层分别为铁磁（左）和反铁磁（右）耦合］[48]

　　最早采用锰铁磁体制成的磁头通过电磁感应的方式读写磁盘面上每个区域的数据，而每个区域记录的不同磁信号就会被转换成电信号"0"和"1"。然而由于存储容量的不断增大，要求磁盘上每一个独立区域越来越小，导致这些区域记录的磁信号也越来越弱。因此这类磁头已不再满足需求。1994 年，IBM 公司成功研制了全球首个基于 GMR 效应的读出磁头。由于这种磁头非常灵敏，使得存储单字节数据所需的磁盘区域大大缩小，磁盘的存储能力得到了大幅提高，磁盘的记录密度提高了 17 倍[49]。1997 年，IBM 公司将这类磁头投放市场后带来了每年数十亿美元的收益。新式磁头的出现引发了硬盘的"大容量、小型化"革命，计算机硬盘的存储密度也提高了 50 倍。Fert 和 Grünberg 这两位科学家也因为各自独立发现了 GMR 效应而共同获得了 2007 年的诺贝尔物理学奖。正如瑞典皇家科学院对这项伟大发现的评价：GMR 效应是"用于读取硬盘数据的技术，得益于这项技术，硬盘在近年来迅速变得越来越小"。到目前为止，GMR 技术已经成为全世界几乎所有电脑、数码相机、播放器等的标准技术。除此之外，GMR 效应也可广泛应用于磁传感器、电子罗盘、车辆探测、GPS 导航和非接触开关等领域。

（2）CMR 效应

它由 Von Helmolt 等[50]和 Jin 等[51]分别于 1993 年和 1994 年在混合价的具有钙钛矿结构的锰系掺杂稀土氧化物（$La_{2/3}Ba_{1/3}MnO_x$、$La_{2/3}Ca_{1/3}MnO_x$等）中发现。这类材料的磁阻随着外加的磁场改变会有数个数量级的变化，通常比 GMR 效应大得多，因此又称超 GMR 效应。

一般来讲，块状铁磁材料的电阻随着温度的降低会变小。而在居里温度附近，由于自旋无序会导致传导电子散射，铁磁材料的电阻又会升高。通常，对过渡金属而言，在居里温度附近由自旋震荡引起的散射对电阻的影响很小。这不足以解释在钙钛矿锰氧化物中观察到的 CMR。大多数呈现出 CMR 效应的锰系化合物都具有钙钛矿结构。比较典型的是基于 $LaMnO_3$ 的系统[52]。化合物 $LaMnO_3$ 中，Mn 为 + 3 价，表现出反铁磁性，并没有 CMR 效应。而 $CaMnO_3$ 中，Mn 为 + 4 价，是反铁磁绝缘体。La 被 Ca 部分取代后，具有混合价的 $La_{1-x}Ca_xMnO_3$（其中 $x = 0.2 \sim 0.4$）变为铁磁体，并且其在低温下为金属，在高温下电阻急剧增大，变为绝缘体，表现出独特的金属到绝缘体的转变，如图 1.7 所示。

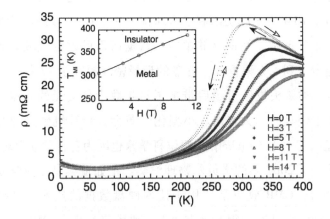

图 1. 7　$La_{0.9}Sr_{0.1}MnO_3$薄膜的电阻随温度和磁场的变化曲线（插图为温度 – 磁场相变图，其中虚线表示金属、绝缘体的分界线）[53]

如同 GMR 材料，CMR 材料也具有应用于高容量磁存储装置的读写磁头的潜力。但是由于其相变温度较低，不能适用于室温，因此离实际应用还有一段距离。

（3）TMR 效应

半金属材料的自旋极化率接近 100%，因此，如果用半金属材料作为自旋阀或磁隧道结（Magnetic Tunnel Junctions，MTJs）的电极，那么将会极大地提高磁阻。磁隧道结的结构如图 1.8 所示，底层和顶层为两个电极层，中间层为势垒层。势垒层为绝缘体或半导体材料，比较常用的是 Al_2O_3。两铁磁电极的磁化方向可以通过外磁场的作用进行切换。如果两铁磁电极的磁化方向相同，自旋方向与一个铁磁层的磁化方向相同的电子隧穿进入另一个铁磁层的概率会更大，即表现为低电阻；而如果两铁磁电极的磁化方向相反，则表现为高电阻[54]。由于这个过程中电子在隧道结中发生了隧穿，因此这种效应被叫作隧道磁阻效应。

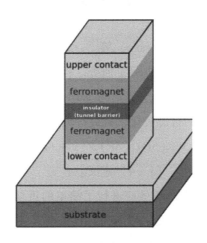

图 1.8　磁隧道结的结构[54]

图 1.9 给出了电极为半金属材料的 TMR 器件原理。假设作为两电极的半金属材料在同一个自旋通道上有能隙，则自旋为这个方向的电子可以顺利从左电极隧穿到右电极，隧道磁阻最小；如果两电极在相反的自旋通道上有能隙，则

自旋向上和向下的电子都不能隧穿，这时的隧道磁阻最大。

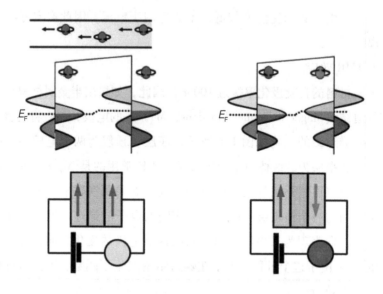

图 1.9　电极为半金属材料的 TMR 器件原理[30]

早在 20 世纪 70 年代，Meservey 等[55] 和 Julliere[56]，以及 Maekawa 等[57] 就已经对自旋相关的隧道效应进行了研究。但直到 20 多年后，Moodera 等[58] 及 Miyazaki 等[59] 才首次发现了室温下的 TMR 效应。在 Julliere 提出的模型[56] 中，隧道磁阻与两电极的自旋极化率有关，可表示为

$$\Delta R/R_{TMR} = 2(SP)_1(SP)_2/[1 + (SP)_1(SP)_2]。 \qquad (1-6)$$

其中，自旋极化率由式（1-4）定义。

虽然 Julliere 模型中对隧道效应进行了简单的近似，但仍然可以预测出电极的自旋极化率。而用自旋极化率高的材料做电极才能产生大的 TMR。迄今为止有报道的最大 TMR 为 1800%，是由 Fert 等[39] 在钙钛矿锰氧化物作电极的隧道结中发现的。要产生如此高的 TMR，电极的自旋极化率至少要达到 95%，且同时要保持 4 K 的极低温度[60]。当前，TMR 取得了重大进展，在室温下，以结晶 MgO 作为势垒，可以实现高达 400% 的 TMR[61-63]。

1.4.3 自旋注入

自旋注入是自旋电子学另外一个重要应用。铁磁材料—非磁性半导体的自旋注入是最基本的自旋注入结构[64]。要实现成功的自旋注入，要具备 3 个基本条件：较高的自旋极化注入效率；最大限度地保持载流子在半导体中的输运，即长的自旋弛豫时间；自旋操纵和自旋检测[65]。居里温度远高于室温的铁磁半导体材料最适合作为自旋注入源。DMS 是掺有少量铁磁杂质的半导体材料，不仅具有室温的铁磁性，还同时拥有半导体性，作为自旋注入源具有很大的应用潜力。Ohno 等[66-67]和 Awshalom 等[64]对 DMS 做了大量的工作。他们研究发现利用 DMS 作为自旋注入源，载流子可以在出乎意料的自旋扩散长度和退相干时间内保持自身的自旋极化[64, 68-69]。基于 DMS 制作的最典型的器件是自旋发光二极管（Spin-LEDs）和自旋场效应晶体管（Spin-FETs）[65]。在 Spin-FETs 中，源极和漏极的铁磁材料分别用于对自旋极化流的注入和检测。而自旋流的传导则依赖自旋方向，可以由栅极电压控制。基于 AlGaAs-GaAs 量子阱多层膜系统的自旋发光二极管结构如图 1.10 所示。当自旋极化的载流子注入半导体时，发出的光为圆偏振光。

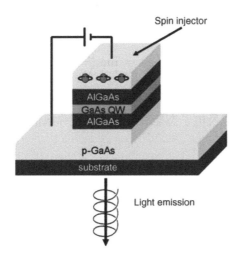

图 1.10　基于 AlGaAs-GaAs 量子阱多层膜系统的自旋发光二极管结构[30]

1.4.4 能带结构

固体物理学中通常把能带、禁带宽度及电子填充能带的情况统称为能带结构。量子力学计算表明，晶体中若有 N 个原子，由于各原子间的相互作用，原来孤立原子的每一个能级，在晶体中变成了 N 条靠得很近的能级，这些能级称为能带。分裂的每个能带都称为允带，允带之间因没有能级称为禁带，禁带的宽度对晶体的导电性有重要作用。若上下能带重叠，其间禁带就不存在。对允带而言，完全被电子填满的能带为满带，所有能级均未被电子填充的能带为空带。在布里渊区中，费米能级以下的允带称为价带（Valence Band，VB），VB 能量最高的地方称为价带顶（Valance Band Maximum，VBM），其对应能量可表示为 E_v；费米能级以上的允带称为导带（Conduction Band，CB），CB 能量最低的地方称为导带底（Conduction Band Minimum，CBM），其对应能量可表示为 E_c。CBM 和 VBM 之间的宽度称为带隙，两者之间的能量间隔为禁带宽度，一般用 E_g 表示，则 $E_g = E_c - E_v$。

1.4.5 态密度

电子态密度（Density of State，DOS）描述了电子的能量分布，设在 $\varepsilon \sim \varepsilon + \Delta\varepsilon$ 的能态数目为 Δz，则 DOS 为

$$N(\varepsilon) = \lim_{\varepsilon \to 0} \frac{\Delta z}{\Delta \varepsilon}。 \tag{1-7}$$

DOS 表示了在能量空间中电子态的分布，可以给出局域分波轨道间相互作用（轨道杂化），以及电子态能级移动和能级弥散信息，可以直接用于分析掺杂效应等。

1.5　本章小结

　　本章对物质磁性的基本特征和理论，包括物质磁性的起源、磁性的分类和铁磁性的基本理论进行了简单论述，并介绍了分子磁体和半金属铁磁体的相关理论，最后对自旋电子学中几个相关的概念和现象进行了介绍。

2

几种典型的新型低维半导体材料

近年来，随着科学技术的发展，介于导体和绝缘体之间的半导体材料不断获得突破，在各行各业有着越来越广泛的应用。国际上以锗、硅为代表的第一代半导体材料已经广泛应用于大规模集成电路，然而随着集成度的不断提高，硅基材料功耗高等缺点逐渐显现。根据摩尔定律预测，硅基晶体管将会达到其物理尺寸的极限，遇到各种量子效应，硅基微电子技术将无法满足人类对信息量不断增长的需要。因此发展能够替代硅的新型半导体材料和基于新材料的器件设计势在必行。其中砷化镓（GaAs）、磷化铟（InP）等为代表的第二代半导体材料，可以在提高器件和电路速度的同时，解决集成度提高带来的功耗增加等问题，在光通信、移动通信、微波通信等领域具有显著的优势。而以碳化硅、氮化镓和金刚石等为代表的第三代半导体材料则具有禁带宽度大、击穿电压高、热导率大、电子饱和漂移速度快、介电常数小等特征，能够在半导体照明等领域得到广泛应用。可以说，半导体材料的每一次重大突破都能在通信、网络和电子工业等领域带来革命性的影响。半导体凭借着自身优势，决定着电子工业未来的发展状况。

当今信息化时代电子产品更新换代越来越快，对电子器件的尺寸和精细度的要求也在不断提高。传统的三维晶体材料已经不能满足科技发展的需要，半导体行业中新材料的开发和应用迎来了新的挑战和发展机遇，寻找能够替代硅等传统材料的新型半导体材料来继续提高运行速度、降低功耗和缩小尺寸势在必行。由三维材料向新型低维纳米材料方向发展，是近年来半导体材料的发展趋势。维度是最能定义材料体系的一个重要参数。维度受限导致小尺寸效应、量子限域效应和表面效应等，低维结构表现出新颖的结构特性和独特的物理性质。低维结构是指三维空间中至少有一维尺度受限，并且必须表现出新的特性或性能提升，两者缺一不可。相对于宏观尺度的三维材料，低维材料主要包含 3 类：①以原子团簇、纳米颗粒等为代表的零维材料，它们在空间的 3 个维度上都是纳米量级；②以纳米线、纳米管、纳米带等为代表的一维材料，它们在空间的两个维度上是纳米量级；③以纳米片为代表的二维材料，它们仅有一个维度是纳米量级。低维半导体材料是新一代固体量子器件的基础。其中二维及一维结构在构建器件方面具有重要的潜在应用前景，也是当今国际热门前沿研究课题。

2.1　石墨烯及其纳米带

石墨烯是二维材料的一个典型代表，实验上发现石墨烯之前，理论和实验界都认为在有限温度下严格的二维晶体是不能稳定存在的。这种假设直到 2004 年，英国科学家 Novoselov 等[33]利用微机械剥离法首次成功制备出稳定存在的石墨烯（Graphene）才得以改变。从那以后，这种二维材料的许多奇特性质逐渐被科学家们发现。它具有极低的电阻率和极快的电子迁移速度[70]，被期待用来替代硅发展更薄、导电速度更快的新一代电子元件或晶体管。Geim 和 Novoselov 也因此荣获 2010 年诺贝尔物理学奖。

石墨烯在半导体器件、量子物理、材料、化学领域都表现出许多独特的性能和令人振奋的应用前景，其优异的电子输运性质预示着可替代硅并延续摩尔定律的神话。石墨烯的研究和应用关键就是石墨烯的大规模、低成本、可控的合成和制备。利用不同的化学方法大规模制备石墨烯已成为可能。

石墨烯是构成其他石墨材料的基本单元，如图 2.1 所示，它可以包裹起来形成零维的富勒烯，这是继金刚石和石墨之后于 1985 年发现的碳元素的第三种晶体形态；还可以卷曲起来形成一维的碳纳米管，它是具有石墨结构，并按一定规则卷曲形成的纳米级管状结构的孔材料，还能层层堆积形成三维的石墨。石墨烯同时具有石墨和碳纳米管等材料的一些优良性质，如高机械强度[71]和高热导性[72]，当然以石墨烯为基材料合成的纳米复合材料同样表现出许多优异的性能。

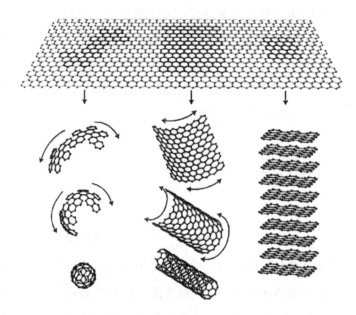

图 2.1　石墨烯、富勒烯、碳纳米管和石墨[73]

2.1.1　石墨烯结构

（1）几何结构

作为最薄的一种碳单质材料（只有一层碳原子的厚度），由于其具有非常新奇的物理化学性质和巨大的潜在应用价值，石墨烯已经成为当代材料物理和凝聚态物理研究中备受关注的体系之一。石墨烯的几何结构如图 2.2 所示。从图中可知，每个石墨烯单胞中有两个碳原子，可以分别标记为 A 和 B。

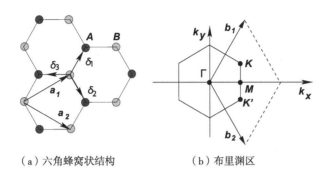

（a）六角蜂窝状结构　　　　　（b）布里渊区

图2.2　石墨烯的几何结构[73]

如图2.2（a）所示，石墨烯由 A、B 两种碳原子相间排列而成六角形，每个 A 类碳原子与 B 类碳原子相连。$\vec{a}_1$ 和 $\vec{a}_2$ 是单胞的晶格矢量。图2.2（b）表示了石墨烯的布里渊区，其中石墨烯倒空间的狄拉克点对应 K 和 K'[73]。

晶格矢量可以写为

$$\vec{a}_1 = \frac{a}{2}(3, \sqrt{3}),$$
$$\vec{a}_2 = \frac{a}{2}(3, -\sqrt{3})。 \tag{2-1}$$

其中，$a \approx 1.42$ Å，是石墨烯中最近邻的碳原子之间形成的 C—C 键的长度。相应的倒格矢可以写为

$$\vec{b}_1 = \frac{2\pi}{3a}(1, \sqrt{3}),$$
$$\vec{b}_2 = \frac{2\pi}{3a}(1, -\sqrt{3})。 \tag{2-2}$$

布里渊区中的两个特殊点 K 和 K' 非常重要，一般称之为狄拉克点，在动量空间中的坐标是

$$K = \left(\frac{2\pi}{3a}, \frac{2\pi}{3\sqrt{3}\,a}\right),$$
$$K' = \left(\frac{2\pi}{3a}, -\frac{2\pi}{3\sqrt{3}\,a}\right)。 \tag{2-3}$$

（2）电子结构

如图 2.3 所示，在石墨烯的能带结构中，其费米面由布里渊区六角顶点组成，费米面上的价带和导带在布里渊区的 K 和 K' 点接触，此时它对应的态密度是零，因此被称作半金属。在二维的六角形布里渊区的 6 个顶点附近，低能量电子的能量–动量满足线性色散关系：

$$E = \hbar v_F \sqrt{k_x^2 + k_y^2}。 \tag{2-4}$$

其中，E 是能量，$\hbar$ 是约化普朗克常数，v_F 是费米速度，k_x 与 k_y 分别为波向量的 x 轴分量与 y 轴分量。由此可以得出，石墨烯中的电子和空穴的有效质量都等于零，它们在布里渊区的 6 个顶点附近的物理行为对应狄拉克方程所描述的相对论自旋 1/2 粒子[74]，因此，石墨烯中的电子和空穴又被称为狄拉克费米子，布里渊区的 6 个顶点又被称为狄拉克点，在这个位置上，能量等于零，载流子可以从空穴变为电子，或者从电子变为空穴。石墨烯的电子系统可以看作具有相对论效应的狄拉克费米子系统，这也是石墨烯在电子输运性质上不同于传统二维材料的根本原因。因此，石墨烯独特的电子结构决定了石墨烯具有优异的电子学特性。与大多数常见的二维物质不同，石墨烯是一种零带隙半导体。第一性原理计算得到的石墨烯的能带结构如图 2.4 所示。从图中可以看出，石墨烯是无磁性零带隙的体系。室温下石墨烯的电子迁移率高达 $1.5 \times 10^4 \text{ cm}^2 \cdot \text{V}^{-1} \cdot \text{s}^{-1}$，所以石墨烯是良导体。

2.1.2　石墨烯性质

石墨烯特殊的结构决定了石墨烯相比其他材料具有特殊的性质。研究发现石墨烯拥有以下优良性质。

（1）力学性质

石墨烯中碳原子之间的连接非常紧密柔韧，当施加外部机械力时，碳原子形成的二维面就会弯曲变形，使碳原子不必重新排列也可以适应外力，这样就保持了结构的稳定。对石墨烯机械特性的研究表明，石墨烯这种二维碳原子材料，比钻石还坚硬，强度比世界上最好的钢铁还要高上 100 倍，如

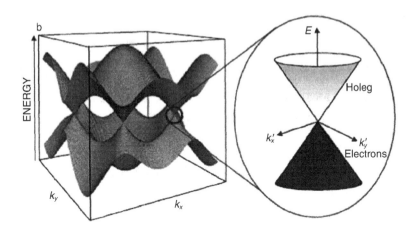

图 2.3 石墨烯的电子结构[73]

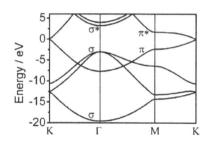

图 2.4 石墨烯的能带结构[75]

果用石墨烯制成包装袋，那么，它将能承受大约两吨重的物品。美国机械工程师杰弗雷·基萨教授用一种形象的方法解释了石墨烯的强度：将一张和食品保鲜膜一样薄的石墨烯薄片覆盖在一只杯子上，如果试图用一支铅笔戳穿它，则需要一头大象站在铅笔上，才能戳穿这层只有保鲜膜厚度的石墨烯薄片。

（2）热学性质

2008 年，美国加州大学的科学家通过共聚焦拉曼显微光谱技术，根据 G 峰的频率和激光能量的对应关系，首次测得了悬空石墨烯在室温下的热导系数，其热导率达到了 5300 W·m^{-1}·K^{-1}，这一数值比之前得到的单壁或多壁碳纳米管的热导率都要高，石墨烯被认为是目前观测到的热导率最高的材料。另外，受石墨烯晶格结构的影响，石墨烯的热导率也表现出明显的各向异性，中国的研究小组分别对具有锯齿型边界和扶手椅型边界的石墨烯进行了测量，结果表明，前者的热导率要比后者高出约 30%[76]。

（3）光学性质

理论计算表明，单层的石墨烯可以吸收 $\pi\alpha\approx2.3\%$ 的白光，如图 2.5 所示，其中 α 为精细结构常数，在实验上这一理论也得到了很好的验证。实验表明，石墨烯的不透明度为（2.3±0.1）%，并且这一数值和光的波长无关。由于石墨烯独特的能级结构，其费米面在狄拉克点附近，能量－动量关系符合线性关系，电子和空穴的圆锥形能带在狄拉克点相遇，这样的能级结构使得不同能量的光在和石墨烯的相互作用中具有相同的概率，从而使石墨烯具有对不同波长的光的无差别吸收系数。石墨烯的这种奇异的高不透明度，给石墨烯的实验观测带来了极大的便利，使得肉眼观察这一单原子层材料成为可能。通过计算发现，当把石墨烯放置在沉积有一定厚度的二氧化硅的基底上，二氧化硅表面的反射光可以和硅表面的反射光最大限度地相互抵消，在肉眼的视场内，由单层石墨烯产生的对比度足够引起肉眼的响应[76]。

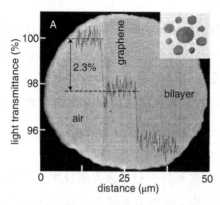

图 2.5　石墨烯的光学透过率及单层石墨烯的光学显微图像[76]

同时，由于石墨烯的线性能级结构，在狄拉克点附近引入极小的能量就可以使石墨烯的费米面偏离狄拉克点，从而影响到石墨烯对光的吸收。伯克利的研究小组采用给石墨烯增加栅极偏压的方法对石墨烯进行电子掺杂，可以将石墨烯的费米面从狄拉克点偏移 0.9 eV，从而阻止了石墨烯和低能量光子的相互作用。科学家在高电子掺杂的单层石墨烯样品中观测到了拉曼非弹性散射过程中的量子效应，而伴随这一过程出现的热电子发光效应也为物理学家理解电子衰减提供了一个新的途径。

（4）电子学性质

石墨烯被发现之后，它的高载流子迁移率就迅速引起了科学家的兴趣，曼彻斯特研究小组[33]首次在室温条件下测量了它的载流子迁移率，达到了 $10\ 000\ \mathrm{cm^2 \cdot V^{-1} \cdot s^{-1}}$，石墨烯因此被认为是未来最适合制备微电子器件的材料之一。随后 Geim 小组改进了实验工艺，发现石墨烯的电子迁移率可以高达 $20\ 000\ \mathrm{cm^2 \cdot V^{-1} \cdot s^{-1}}$，其他小组的研究结果表明，在特定条件下，甚至可以达到 $25\ 000\ \mathrm{cm^2 \cdot V^{-1} \cdot s^{-1}}$，这远高于硅和砷化镓基半导体材料。

值得一提的是，石墨烯的电子迁移率受温度的影响很小。石墨烯的电子迁移率基本保持在 $15\ 000\ \mathrm{cm^2 V^{-1} s^{-1}}$ 附近，这是因为晶体的电子迁移率主要受晶体内部的声子散射影响，温度越高，晶格震动越剧烈，电子运动的自由程越短，迁移率越低，而石墨烯中碳碳键的作用力非常强，即使晶体中碳原子剧烈震动相互碰撞，对其内部电子运动的干扰也很小，因此电子迁移率基本不受温度影响。

2.1.3　石墨烯纳米带

若限制石墨烯某一方向上的尺寸，则会形成一种一维纳米碳带状结构，称为石墨烯纳米带（Graphene Nanoribbons，GNRs）。石墨烯纳米带的宽度最小可至 1 nm 以下，当宽度小于 10 nm 时具有明显的尺寸效应，为其带来了独特的性能。现在已经可以通过多种实验制备手段得到边缘齐整的石墨烯纳米带。一般石墨烯可以沿不同方向剪切得到两种不同边缘结构的纳米带。图2.6（a）为扶手椅型石墨烯纳米带（AGNRs），图2.6（b）为锯齿型石墨烯纳米带（ZGNRs）（W_a和W_z代表石墨烯纳米带的宽度，n为标记宽度的参数）[77]。由于边界条件的差异，ZGNRs和AGNRs具有完全不同的电子性质。

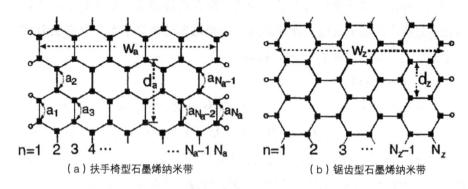

（a）扶手椅型石墨烯纳米带　　　　　（b）锯齿型石墨烯纳米带

图2.6　两种不同边缘结构的石墨烯纳米带[77]

ZGNRs带隙与宽度相关，小于临界宽度（一般为几纳米）时带隙为零，大于临界宽度时带隙为百 meV 量级。通过紧束缚模型及第一性原理计算表明[78]，ZGNRs磁性态能量上要比非磁性态更加稳定，且磁性主要分布在边缘原子上。ZGNRs同一个边缘的碳原子磁性呈铁磁性平行排列，而左右边缘的电子自旋方向相反，如图2.7所示[79]，即ZGNRs由于具有自旋极化的电子边缘态，其基态是反铁磁态，且其边缘和带隙的自旋极化可以通过应变等进行调控，是最有希望开发成自旋电子器件的石墨烯基材料之一。当在 ZGNRs 宽度方向施加一个面内电场时，其表现出半金属性。其中一个自旋随着电场增加，其直接能隙逐渐打开，另一个自旋的直接能隙减少直至转变为大小为 0 的间接能隙，正是由于 ZGNRs 在电场下不同自旋方向的电子性质分别为金属性或绝缘性，因此可认为 ZGNRs 是一种半金属。此外，ZGNRs 的电子自旋极化导致铁磁性耦合与反铁磁性耦合，表现出很大的磁阻。

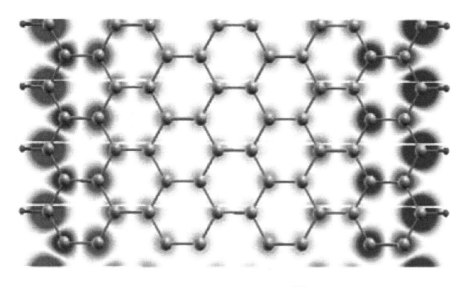

图 2.7   ZGNRs 自旋密度[79]

　　对于 AGNRs，根据带隙的大小及其变化规律，可将其分成 3 类，即 Na 为 $3p$、$3p+1$、$3p+2$（p 为正整数）。如图 2.8 所示，根据紧束缚计算，当 Na = $3p+2$ 时，AGNRs 表现为金属性，其余两类为半导体性；而利用第一性原理计算（LDA 近似），当 p 为某一具体正整数时，3 类 AGNRs 的带隙呈 $3p+1 > 3p > 3p+2$ 的变化规律，但每类的带隙都随宽度增加而减少。因此不同宽度的 AGNRs 为半导体器件的研发提供了更多的选择性，通过对某一宽度的 AGNRs 的能带结构进行调控可以极大地提高其应用的可能性。

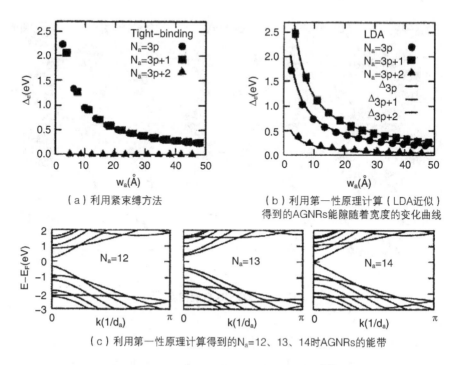

（a）利用紧束缚方法

（b）利用第一性原理计算（LDA近似）
得到的AGNRs能隙随着宽度的变化曲线

（c）利用第一性原理计算得到的$N_a=12$、13、14时AGNRs的能带

图2.8　不同宽度的AGNRs带隙变化规律[79]

2.2　单层氮化硼及其纳米带

综上所述，石墨烯作为零带隙半导体，具有许多非常优异的物理性质，在高集成度的光电子、传感和复合材料等多个领域具有广阔的应用前景。正是由于这种二维材料具有许多新奇的物理性质，因此被期待用来替代硅发展更薄、具有更快导电速度的新一代电子元件或晶体管。另外，由于狄拉克点的存在，石墨烯缺乏带隙，而带隙是电子携带电流之前必须跃过的能量跨栏，可以让半导体设备关闭，执行"合乎逻辑"的操作，因此限制了石墨烯在晶体管开关等电子元件方面的应用。虽然人们通过纳米技术、氢化、加垂直电磁等方法做出相当多努力，但打开的带隙有限。所以寻找

能够同时具备优异电子特性和合适带隙的二维材料，是当下半导体电子学、光学乃至储能纳米材料学的研究目标。

石墨烯的突破性进展为类石墨烯二维材料的制备及研究开拓了崭新的领域。利用这种思路，由多种范德瓦尔斯层状材料的基本层结构构成的类石墨烯二维结构被成功制备出来。类石墨烯结构的二维结构不仅有效继承了其母体材料各向异性的结构特征，其层内为强的共价键结合，而且由于维度的降低，其性质表现得更加独特。种类繁多的类石墨烯二维结构家族已在功能结构材料、新型光电器件与集成、催化、传感与清洁可再生能源等诸多领域都展现出了广阔的应用前景。

石墨烯这种二维材料优越的电子结构和潜在的应用价值，激发了寻找新二维类石墨烯材料的热潮。事实上，这样的单层结构的二维材料并不局限于碳。越来越多类似于石墨烯的二维材料，如由 III – V、II – VI 族元素合成的材料，引起了研究人员的极大兴趣。

自然界存在的六角氮化硼（h – BN）就是一种典型的 III – V 族材料。它结构上与石墨类似，因此具有"白石墨"之称。h – BV 的结构如图 2.9 所示，它是一种带有离子性的共价化合物，每层由交替的 sp^2 杂化的硼和氮原子组成蜂窝状结构，层间则由微弱的范德瓦尔斯键结合，并以 ABABAB 的方式排列。h – BN 的群为 P63/mmc（No. 194），晶格常数 $a = b = 2.5040$ Å，$c = 6.6612$ Å，$\alpha = \beta = 90°$，$\gamma = 120°$。h – BN 具有许多类似石墨的性质，如良好的导热性[81]，同时表现出不同于石墨的独特性能，如高温下的电绝缘性，因此可以用作绝缘且高导热的电子封装复合材料。但在实际应用中，人们很难实现对 h – BN 面间有序和无序的控制。因此，h-BN 的电子结构等物理性质也很难调控，这就极大地限制了它的应用。所以，基于 h – BN 的低维材料，如二维的单层氮化硼片、一维的氮化硼纳米带和纳米管等更能满足现实需要。本书的研究，主要是针对由二维的单层氮化硼切割而成的一维氮化硼纳米带，如图 2.10 所示。与石墨烯纳米带类似，如果将二维的 h – BN 纳米片沿着不同方向进行裁剪，可以形成具有两种边界构型的一维氮化硼纳米带（BN Nanoribbons，BNNRs）：锯齿型氮化硼纳米带（Zigzag BN Nanoribbons，ZBNNRs）和扶手椅型氮化硼纳米带（Armchair BN Nanoribbons，ABNNRs）。

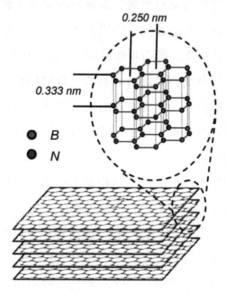

图 2.9　h – BN 的结构[80]

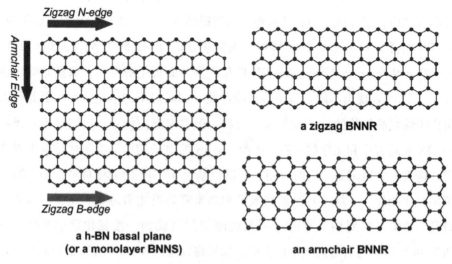

图 2.10　二维的单层 h-BN 片及一维的 BN 纳米带[81]

下面我们对二维 h – BN 及其纳米带的制备，以及结构和电子性质进行简单介绍。

2.2.1　二维 h – BN 及其纳米带的制备

实验上石墨烯的成功制备，促使人们积极寻找获得二维氮化硼的方法。迄今为止，已经有多种方法可以制备纳米氮化硼材料，如机械剥离法、溶液剥离法、打开 BN 纳米管法、化学气相沉积法和溶剂热法等。相关的实验如表 2.1 所示[82]。

表 2.1　实验制备纳米氮化硼方法汇总[82]

Method	Structure	Environment	Yield	width
Mechanieal exfoliation	Nanosheets		Low	Large than 100 um
Plasma etching of BNNTS	Nanoribbons	BN nanotubes partially embedded in a polymer film	Medium	15 – 500 mm
Potassium-intercalation-splitting of BNNTS	Nanoribbons	10^{-6} Torr, 300 ℃ for 72 h in quartz tube	Low	40 mm
Liquid exfoliation	Nanosheets	In various organic solvents	High	Less than 100 nm
Thermal decomposition	Nanomeshs	3×10^{-7} mbar, 800 ℃ on metal surfaces	Very low	Nano-to microscople-length scale
Chemical synthesis	Nanosheets	900 ℃ in a nitrogen atmosphere	High	Several hundred nm
Low pressure CVD	Monolayer films	350 Torr, 1000 ℃ for 1 h on a metal surface in a quartz tube	Low	Centimeter-scale
Atmospheric pressure CVD	Few layer films	700 ℃ for 1 h on a metal surface in a quartz tube	Low	Several centimetres

（1）机械剥离法（Mechanical Exfoliation）

这种方法简单，使用黏性胶带就可完成对层状材料的分离，直到胶带上留下少数几层，因此对实验条件要求不高，Geim 等[33]正是利用这种方法首次成功制备出了高质量的石墨烯。Pacile 等[83]首先报道了利用机械剥离法成功制备出二维氮化硼，厚度仅为 3.4 nm，约 10 层氮化硼。通过继续剥离，可以进一步得到单层氮化硼。利用电子衍射和等离子体电子能量损失谱等可以观察到利用此方法获得的单层和双层氮化硼[84]。这种方法生成的样品纯度高、无杂质、结晶性好，但产量低、重复性差、尺寸不易控制，因此不利于大规模生产。

（2）溶液剥离法（Liquid Phase Exfoliation）

这种方法是在溶液环境中，借助超声条件克服氮化硼层与层之间的范德瓦尔斯力，从而将其按层剥离得到单层氮化硼。Han 等[85]于 2008 年首先报道了利用此方法制备出厚度为数层的氮化硼。随后，利用二甲基酰胺[86]、甲基磺酸[87]等也成功实现了对氮化硼的化学剥离。这种方法设备简单、重复性好，易于大规模生产，但是反应中加入的一些有机物不易除去。Lin 等[88]发现在水溶剂中利用声波降解法能有效剥离氮化硼，因此通过"干净"的水分散体系也可获得氮化硼，但是需要较高的反应温度。

（3）打开 BN 纳米管法

由于边缘效应，不同形状的二维氮化硼纳米片具有不同的电子性质。实验上制备长度和宽度确定的二维氮化硼纳米片非常困难。目前，只有打开氮化硼纳米管的方法可以做到。Zeng 等[89]运用 Ar 等离子刻蚀法打开了氮化硼纳米管，首次成功得到了原子厚度的氮化硼纳米带，如图 2.11（a）所示。另外，Erickson 等[90-91]通过钾插层反应使氮化硼纳米管纵向劈裂，能够得到约 20 nm 宽、2~10 层厚且高度结晶的氮化硼纳米带，如图 2.11（b）所示。通过选择不同手性的氮化硼纳米管，可以得到锯齿型或扶手椅型两种不同边缘的氮化硼纳米带。

（4）化学气相沉积（Chemical Vapor Deposition，CVD）法[91-92]

这种方法是将一定比例的含有 B 和 N 的气态原料导入真空反应腔，在 500~600 ℃高温下使气态原料发生化学反应，最终通过洗涤、过滤和干燥生成层状超薄氮化硼纳米片。由 CVD 制备出的氮化硼片纯度非常高。因此 CVD 方法提供了一个相对可控的手段生产大面积和高质量的单层或多层氮化硼，是最有可能大规模生产单层氮化硼的方法。

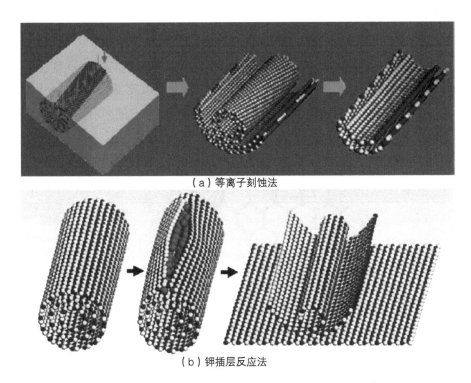

（a）等离子刻蚀法

（b）钾插层反应法

图 2.11　打开氮化硼纳米管制备氮化硼纳米带示意[89]

2.2.2　二维 *h* – BN 及其纳米带的结构和电子性质

二维的 *h* – BN 材料，主要是指片状的 *h* – BN，可以是单层或多层。它的晶体结构和石墨烯类似，但电子性质截然不同。石墨烯是零带隙的半金属，而单层的 *h*-BN 却为绝缘体或宽带隙半导体，其直接带隙大约为 5.9 eV[93]。Topsakal 等[94]通过运用第一性原理方法研究单层氮化硼的电子性质发现，二维 *h* – BN 的绝缘性质来源于 B – N 的离子性。图 2.12 给出了他们计算得到的电荷密度、能带结构和态密度。B – N 靠近氮原子的地方具有很高的电荷密度，说明硼氮之间发生了电荷转移，电子从 B 原子转移到 N 原子上，导致二维氮化硼出现宽带隙绝缘性质。从能带结构和态密度图上可以看到，成键态

N-pz 轨道和反键态 B-pz 轨道之间的结合导致二维氮化硼能带的打开。此外，由于二维氧化硼具有较低的介电常数、较大的热传导性和较好的结构弹性，可被用作电子设备的介电层；由于其具有宽带隙，也可被制成非常有应用前景的深紫外线发射器[95-96]；其也可用作固态润滑或填充复合材料。h-BN 杰出的性质和潜在的应用价值使得它处于当代纳米科学研究的前沿。

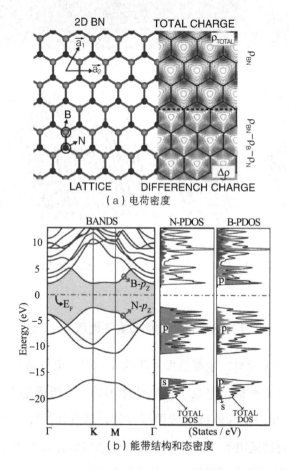

（a）电荷密度

（b）能带结构和态密度

图 2.12　二维单层 h-BN 的电荷密度、能带结构和态密度[94]

虽然裁剪二维的 h - BN 可得到锯齿型和扶手椅型氮化硼纳米带，但是从热力学角度来看，裸露边缘的氮化硼纳米带通常会发生重构，是非常不稳定的，因此需要对边缘进行钝化来降低边缘的形成能[97-98]。通常最简单的钝化方式就是用氢进行钝化。氢化后的氮化硼纳米带如图 2.13 所示[93]。其中 N_z 和 N_a 分别表示延纳米带宽度方向 B 和 N 原子组成的锯齿型链和二聚链的条数。众所周知，GNRs 的电子性质受边界构型和宽度的影响很大。虽然 AGNRs 的带隙震荡会随着纳米带宽度的增加而减小，但都表现出非磁半导体特性。而 ZGNRs 的基态则是自旋极化的反铁磁态，并且磁态都局域在边缘的碳原子上，同边缘的碳原子自旋平行，不同边缘的碳原子自旋反平行[99-100]。但是，对于氮化硼纳米带而言，由于 B 与 N 原子之间的离子性，其性质受纳米带边缘构型和宽度的影响不大。ZBNNRs 是间接带隙非磁半导体，ABNNRs 则是直接带隙非磁半导体[66,101]。ABNNRs 和 ZBNNRs 带隙随纳米带宽度的变化曲线如图 2.14 所示[93]。可以看到，ZBNNRs 的带隙随着纳米带宽度的增加呈单调递

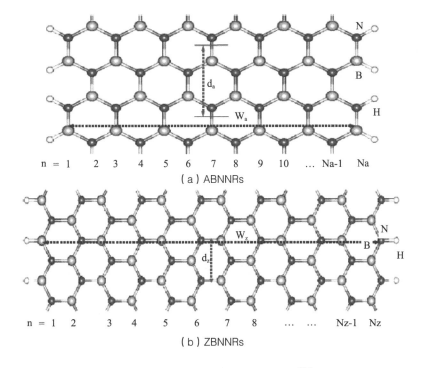

（a）ABNNRs

（b）ZBNNRs

图 2.13　ABNNRs 和 ZBNNRs 结构[93]

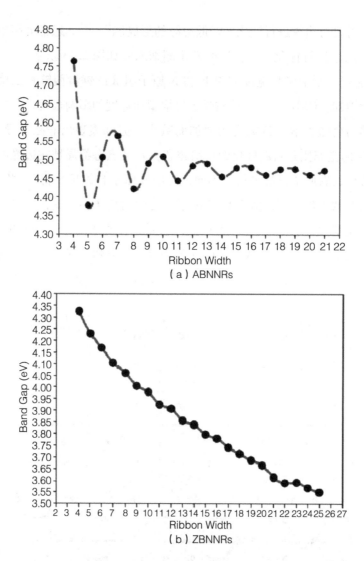

图 2.14 ABNNRs 和 ZBNNRs 带隙随纳米带宽度的变化曲线[93]

减趋势, 而 ABNNRs 的带隙则呈现周期性震荡的特性, 当纳米带宽度 $N_a = 3n +$
1 (n 是整数) 时, 带隙相对较大, 当 $N_a = 3n$ 或 $3n + 2$ 时, 带隙相对较小。

综上所述, ABNNRs 和 ZBNNRs 都表现出单一的非磁半导体性质。氮化硼
纳米带的宽带隙和低导电性阻碍了其作为电子纳米器件的应用。虽然不同宽

度的氮化硼纳米带带隙不同，但改变纳米带的宽度对带隙的调节非常有限（小于30%）。因此，研究如何实现对氮化硼纳米带电子性质和磁性质的有效调控是非常有必要的。

改变 BNNRs 边缘的钝化方式是最常用的方法之一。大量的研究表明，边缘钝化方式的不同会极大地改变氮化硼纳米带的电子结构。Ding 等[102]运用第一性原理的方法研究发现边缘由两个氢钝化的 ZBNNRs 为铁磁金属，而 Zheng 等[103]和 Lai 等[104]研究发现 N 边缘氢化而 B 边缘不钝化的 ZBNNRs 具有反铁磁性。B 边缘氢化而 N 边缘不钝化的 ZBNNRs 则表现出铁磁半金属性，其自旋向下的通道是金属性的，自旋向上的通道则是绝缘性的。8-ZBNNRs 的半金属能隙（费米面和自旋向上通道价带顶的能级差）高达 0.38 eV，这么大的半金属能隙 GNRs 需要加高电场才能达到[105]。Wu 等[106]发现边缘由 F、Cl 及 HO、NO_2 官能团修饰的 BNNRs 虽然带隙有所变化，但仍保持了半导体性质。Wang 等[107]研究了边缘氟化对 ZBNNRs 性质的影响。当 ZBNNRs 的 B 边缘由两个氟钝化，而 N 边缘由一个氟钝化时，ZBNNRs 也表现出了很强的半金属性。

通过外加电场的方法也可以有效调控氮化硼纳米带的电子性质。例如，ABNNRs 的带隙会随着外加电场强度的升高而减小，而 ZBNNRs 带隙的增大或减小则取决于所加电场的方向和强度[108]。Barone 等[109]还报道，在外加电场的作用下，边缘不钝化的 ZBNNRs 可以实现金属↔半导体↔半金属的转变。

最近又有研究发现，在氮化硼纳米带中的缺陷也会极大改变它的电子性质。Yamijala 等[110]预测，通过在 ZBNNRs 边缘引入一系列的线缺陷，能够诱发自旋极化，并且可以调控边缘态的自旋方向。Du 等[111]报道，在实验中不可避免出现的三角形空位缺陷[112]也能够极大改变氮化硼纳米带的电子性质，甚至引起极化。

另外，单原子掺杂也是实现对氮化硼纳米带性质调控的一个有效方法。在元素周期表中，C 原子处于 B、N 原子中间，它们的原子半径最接近，因此是研究者最常用的掺杂原子。相关的 C 掺杂氮化硼纳米带的研究我们将在第 4 章中详细介绍，这也是我们研究的主要内容之一。

研究发现，氮化硼纳米带与石墨烯纳米带的结合也会产生新奇的物理性质。众所周知，石墨烯独特的电子性质使得它在不同领域得到了广泛的应用。同时，单纯的碳材料器件应用上也受到很大的限制。比如，由于石墨烯纳米带的电子性质受边界构型和宽度的影响很大，很难制作性能稳定的纳米器件；石墨烯的零带隙也限制了它作为纳米器件的应用范围。而对于有着相似晶格结构的氮化硼纳米材料，由于 B 和 N 原子之间的强离子性，电子性质却大大不同。因此，可以将这两类晶格结构高度匹配的材料进行结合，形成 C 与 BN 纳米复合材料，从而产生更新奇的物理性质，拓宽它们的应用领域。Dutta 等[113]最早报道了 C/BN/C 纳米带（BNNRs 嵌入 ZGNRs 中间）。通过调节 zig-zag 的碳链和硼氮链，C/BN/C 纳米带不加外场就表现出了半金属性。Dong 等[114]则将氮化硼纳米带嵌入碳纳米带，构建了一种如图 2.15 所示的 GNRs-BNNRs-GNRs 场效应晶体管模型。该晶体管表现出良好的开关特性，还可以通过去掉纳米带边界上氢化 N 原子的 H，实现 100% 的自旋极化。而 Ding 等[115]将碳纳米带嵌入氮化硼片，当 GNRs 的宽度在两条碳链以上时，也可实现 100% 的自旋极化。

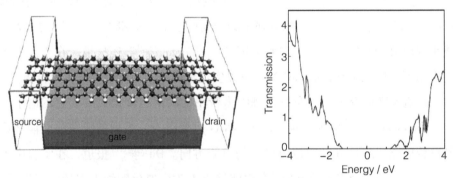

**图 2.15　GNRs-BNNRs-GNRs 场效应晶体管
模型和计算得到的输运谱[114]**

以上充分说明氮化硼纳米带的电子性质和磁性质通过多种手段都可以有效控制，具有极强的可调控性。这就进一步激发了人们对氮化硼纳米带的研究兴趣。

2.3 黑磷烯和蓝磷烯及其纳米带

2.3.1 黑磷烯及其纳米带

黑磷烯是继石墨烯之后，在实验上成功实现的一种新型的褶皱状材料。相比于石墨烯和过渡金属硫化物等低维材料，黑磷烯有着明显的优势，例如，其相当大的直接带隙，可以通过层数、应变和缺陷等进行优化[116-118]。它还具有相对较高的电荷载流子迁移率（1000 $cm^2 V^{-1} s^{-1}$），并且电流开关比可达 10^5[119]。因此，它的出现成功地弥补了石墨烯和 MoS_2 在纳米器件应用中的缺陷。

自然界中的磷拥有几种同素异形体，如白磷、红磷、黑磷和蓝磷等。在室温下，黑磷与其他磷的同素异形体相比是最稳定的。从结构上看，它有着正交晶体结构，其对应的空间群为 Cmca，在 3 个方向的晶格常数分别为 $a = 3.313$ Å，$b = 4.229$ Å，$c = 10.473$ Å，如图 2.16（a）所示。2014 年，科研人员采用机械剥离的方法从大块的黑磷中成功剥离出单层黑磷，并将它命名为"黑磷烯"。黑磷烯结构的原子排列与石墨烯相似，均为六边形，相邻的磷原子之间的距离为 2.23 Å，其晶体构型如图 2.16（b）所示。但是 sp^3 杂化构型，使得黑磷烯结构中的磷原子位于不同高度的平面上，其层间距离 $d = 2.13$ Å，因而与石墨烯相比，黑磷烯结构的对称性较低并且呈现褶皱状。由于这种不同于石墨烯的独特结构，黑磷烯不仅结构稳定性明显高于石墨烯，而且呈现出优异的半导体性。单层黑磷烯带隙约为 1.51 eV，由于层间的相互作用，随着层数的增加，黑磷烯带隙逐渐减小，5 层也依然能保持 0.59 eV 的带隙[120]。实验制备方面，黑磷可以由白磷在高温高压下制得，比获取石墨烯的成本和难度要低得多，目前已经成功制备出稳定的多层和单层黑磷[121-122]。最近，由中国科技大学和复旦大学合作制备的基于黑磷烯的场效应晶体管在室温下就能得到可靠的晶体管性能，漏电流调制幅度可达 10^5 量级，载流子迁移率最高为 1000 cm^{2}V^{-1}s^{-1}，因此，黑磷烯场效应晶体管具有极高的应用潜力[123]。同时，值得注意的是，黑磷烯是一种直接带隙半导体（价带顶和导带底位于第一布里渊区的Γ点），且不会随着层数的增加改变，也就是说，电子只需要吸收能量，就能完成从非导电到导电的转换，实现逻辑开与关。黑磷烯晶体管开关率可达到 10^4[124]，因此这类新型二维材料在制备光电子器件方面也具有重要的潜在应用价值。

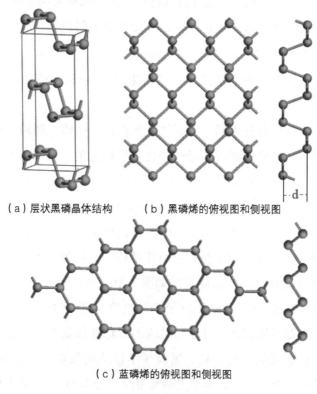

（a）层状黑磷晶体结构　　（b）黑磷烯的俯视图和侧视图

（c）蓝磷烯的俯视图和侧视图

图 2.16　黑磷和蓝磷结构

黑磷烯除了二维材料所具备的优异的电子结构、输运性质、光学性质、机械性能等[125-126]，其准一维的纳米带结构也表现出优异的物理特性。类似于石墨烯，将黑磷烯沿不同方向裁剪，可得到不同边缘裸露方式的纳米带结构，分为扶手椅型（Armchair Phosphorene Nanoribbons，APNRs）和锯齿型（Zigzag Phosphorene Nanoribbons，ZPNRs），如图 2.17 所示。

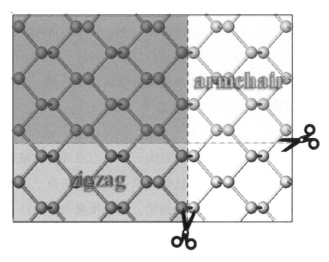

图 2.17　不同手性黑磷烯纳米带的裁剪方式

（1）电子结构

与单层黑磷烯不同的是，黑磷烯纳米带的电子结构与其手性相关。研究发现，无论纳米带宽度如何，ZPNRs 的能带结构都表现出金属性，APNRs 的能带结构则显示出半导体性。但是由于黑磷烯纳米带没有饱和边缘的悬挂键，它们在化学上可能是不稳定的结构。因此用氢原子钝化黑磷烯纳米带的边缘后，其结构的稳定性得到了提高。更有趣的是，氢钝化之后的纳米带结构的电子性质跟手性无关，无论是 APNRs 还是 ZPNRs 都表现出半导体性质[127]。之后，众多研究者还研究了掺杂对电子性质的影响[125, 128]。比如，Liu 等[129]探索了有序掺杂硅原子的 ZPNRs 的电子结构。他们的结果表明，没有掺杂硅原子和掺杂硅原子的 ZPNRs 都表现出金属性。同时，ZPNRs 的电导性可以通过改变掺杂位置和掺杂浓度来调节。

（2）磁性

有关沿石墨烯纳米带不同的方向裁剪来诱导磁性的讨论很多，同样的研究思路我们也可以用在黑磷烯纳米带的磁性探索和研究上。ZPNRs 和 APNRs 均为磁性材料，其磁矩主要来自结构边缘的磷原子的悬挂键，而磁性对于纳米带边缘的几何结构是非常敏感的[127, 130]。Zhu 等[130] 的研究发现，当 ZPNRs 的边缘用氧原子钝化时，由于边缘氧和磷原子的 p_z 轨道之间的带平面中的 P—O 键较弱，氧原子饱和的 ZPNRs 显示出磁性基态。同时，ZPNRs 可以通过 V 原子的不同掺杂位置从非磁性金属调节成磁性金属或半金属。这种替换掺杂的磁性来源于过渡金属 3d 轨道的交换分裂[131]。

（3）机械性能

黑磷烯纳米带由于其独特的褶皱结构而表现出卓越的机械柔韧性和强大的各向异性。2014 年，Jiang 等[132] 就使用第一性原理研究了单层黑磷在单轴变形下的机械性能。由于其二维褶皱结构，杨氏模量和最大应力的应变均具有高度各向异性和非线性。具体而言，面内杨氏模量在垂直于褶皱的方向上为 41.3 GPa，在平行方向上为 106.4 GPa。垂直和平行方向的理想应变分别为 0.48 和 0.11。Sorkin 等[133] 计算了应力和弹性边缘模量的大小，发现磷烯纳米带的锯齿型和扶手椅型边缘应力均为正，表明边缘处有拉伸应力。此外，它们的边缘模量都是正的，并且锯齿型磷烯纳米带的边缘弹性模量和边缘应力大约是扶手椅型纳米带的 3 倍，表现出很强的各向异性[133]。

2.3.2 蓝磷烯及其纳米带

除了单层黑磷烯外，实验[134] 利用分子束外延生长到 Au（111）表面的方法成功合成出它的同素异形体——单层蓝磷烯。不同于黑磷烯褶皱（puckered）的蜂窝状结构，蓝磷烯具有轻微曲翘的扣状（buckled）蜂窝型晶格结构，其晶体构型如图 2.16（c）所示。根据第一性原理的计算结果，蓝磷烯是一个优良的半导体，具有约 2 eV 的间接带隙，预示着它是一种值得深入探索的大带隙半导体材料[135]。双侧完全氧化后的蓝磷烯在双轴应变调控下，其电子结构出现奇异的量子相变，即从传统的直接带隙半导体转变为对称性保护的二维 Weyl 半金属[136]。更特别的是处于相变临界点时，其电子能带结构中两条价带和一条导带恰好在布里渊区 Gamma 点处简并，其对应的低能激发准粒子可以用自旋为 1 的准粒子来描述。这些独特的电子结构使得蓝磷烯在纳米光电子器件领域有着巨大的应用价值。同样，蓝磷烯纳米带（Blue Phosphene Nanoribbons，BPNRs）按边缘构型可以分为两种：锯齿型蓝磷烯纳米带（Zigzag Blue Phosphene Nanoribbons，ZBPNRs）和扶手椅型蓝磷烯纳米带（Armchair Blue Phosphene Nanoribbons，ABPNRs）。理论研究[137]表明，边缘氢化的 BPNRs 都呈现出间接带隙半导体性，并且通过不同原子掺杂，可以实现非磁半导体 – 磁性半导体 – 半金属的转变[138−139]。

此外，与黑磷烯具有相似结构的其他二维氮系材料砷烯（arsenene）和锑烯（antimonene）也引起了人们的极大关注。通过对两种二维材料的结构稳定性和电子性质进行第一性原理计算发现[140−141]，类似于黑磷烯的褶皱的蜂窝状和类似于硅烯和锗烯的扣状的弯曲的 buckled 结构都可以稳定存在，只是 buckled 结构更稳定一些。对于 buckled 结构的单层砷烯和锑烯，带隙比单层黑磷烯更大，分别可达 2.49 eV 和 2.28 eV，且具有很高的载流子迁移率。研究还发现，两种结构的锑烯都为间接带隙半导体[135−136]，但通过实验上较易实现的外加应力或电场的方法不仅可以调节能隙，还可以实现其从间接带隙向直接带隙的转变[142]。最近的研究[143]还发现，多层 puckered 结构的砷烯具有本征的直接带隙半导体性，能隙约为 1 eV。

2.4 二硫化钼

二硫化钼属于过渡金属二硫族化合物，晶体结构有 $1T\text{-}MoS_2$、$2H\text{-}MoS_2$ 与 $3R\text{-}MoS_2$ 三种[144]，其结构如图 2.18 所示[145]。其中 1T 与 3R 构型是二硫化钼的亚稳结构，2H 通常是二硫化钼的稳定构型。$1T\text{-}MoS_2$ 是金属，而 $2H\text{-}MoS_2$ 是半导体。

图 2.19 是 $2H\text{-}MoS_2$ 的晶体结构，从图中可以明显看出，每个二硫化钼基

本层结构由紧密结合的夹心三明治式 S-Mo-S 3 个原子层构成，其中中间的原子层为金属 Mo 原子，而两个 S 原子处于两端，每个原子层的层内原子都按平面六角阵列方式排列。Mo-S 的键长为 2.4 Å，晶格常数为 3.2 Å，相邻两个上下基本层结构的 S 原子距离（层间距）为 3.1 Å。

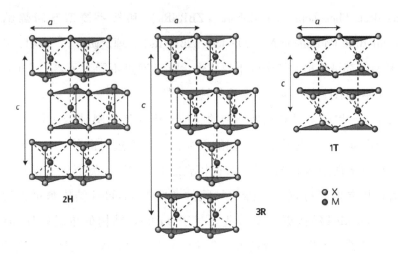

图 2.18　MoS$_2$ 的 3 种晶体结构[145]

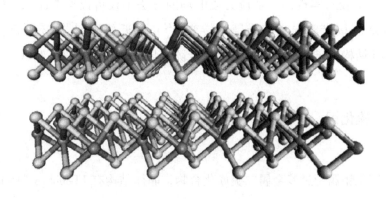

图 2.19　2H-MoS$_2$ 的晶体结构

　　块体二硫化钼的能带结构在第一布里渊区的展开情况如图 2.20 所示，不同层数 2H–MoS$_2$ 的能带结构如图 2.21 所示，其中布里渊区中心为 Γ，其他

几个高对称点为 H、K 和 Λ，图中显示，块体二硫化钼具有间接带隙，带隙大小为 Eg'。MoS_2 的能带结构由 Mo 原子的 d 轨道与 S 原子的 p_z 轨道杂化决定。其中 K 点电子态主要由 Mo 原子的 d 轨道决定，而 MoS_2 层数的变化并不会导致该 d 轨道的变化；但是 Γ 点的电子态不仅受到 Mo 原子 d 轨道的影响，同时还将取决于 S 原子的 p_z 轨道，MoS_2 层数的降低将会导致层间耦合作用的变化从而引起 Γ 点电子态的明显变化。

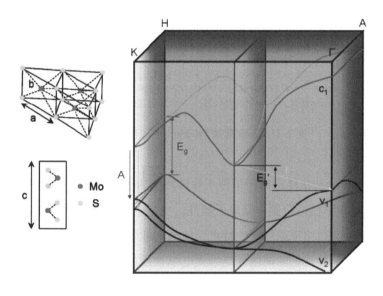

图 2.20　MoS_2 的能带展开情况[146]

石墨烯晶体管作为半导体材料的一个重要劣势在于其零带隙。为了打开石墨烯的带隙，研究者提出了多种方案，但是人为在石墨烯中引入带隙目前仍然很困难，一定程度上制约了基于石墨烯的微纳电子器件的发展。与石墨烯不同，二硫化钼材料具有优异的半导体特性，其体材料为间接带隙半导体，禁带宽度约为 1.29 eV，当 MoS_2 材料减薄到一定程度时，随着层数的减少，其禁带宽度增加，到单层材料时，禁带宽度增加到 1.90 eV，同时变为直接带隙。也就是说，单层和少层二硫化钼带隙宽度随着厚度变化而变化，不存在着人造带隙的问题。

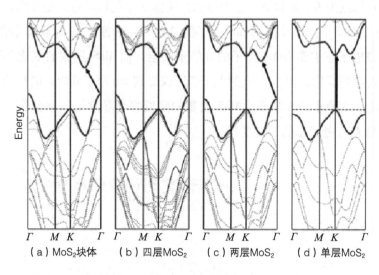

（a）MoS₂块体　　（b）四层MoS₂　　（c）两层MoS₂　　（d）单层MoS₂

图 2.21　不同层数 2H-MoS₂ 的能带结构[146]

　　同时，MoS₂ 从块体的间接带隙半导体转变为单层的直接带隙半导体 说明单层 MoS₂ 材料不仅适合制作微电子器件，也适合制作光电子器件。二硫化钼这种直接带隙与间接带隙可调的特点，使得其能带结构的调控尤为引人关注。利用应变效应是最常见的调制低维结构电学性质的手段之一。理论研究表明，在 c 方向施加单轴压缩应力可以降低导带底，提高价带顶，从而有效地减小带隙。实验上通过对柔性基板上的 MoS₂ 施加单轴应力，可以对二硫化钼的电子结构进行连续调节，每增加 1% 的应变可以使直接带隙宽度红移 70 meV，是间接带隙宽度红移频率的 1.6 倍。同时，研究[146]表明二硫化钼电子性质的改变还能够通过改变其放置衬底类型、边缘结构、掺杂类型及温度等来实现。

　　MoS₂ 独特的电子性质和由其决定的光学性能主要是来自占据费米能级处导带和价带的 d 电子决定的。如图 2.22 所示，从分态密度（Partial Density of State，PDOS）可以看出，MoS₂ 的价带顶和导带底主要是 S 原子的 p 轨道和 Mo 的 d 轨道贡献的。而芯态主要由 S 原子的 s 轨道贡献[147]。

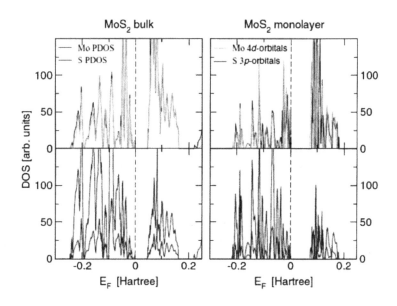

图 2.22　晶体 MoS$_2$ 和单层 MoS$_2$ 的 PDOS[147]

作为衡量半导体导电性能的重要参数指标，迁移率决定了半导体材料的电导率，进而影响相关器件的工作速度和频率。虽然与石墨烯的高载流子迁移率相比，二硫化钼的迁移率处于劣势，第一性原理计算结果显示，在高温时载流子迁移率只有 400 cm^{2}V^{-1}s^{-1}，但是在低温下（小于 100 K）却高达 2450 cm^{2}V^{-1}s^{-1}，基本可以和石墨烯媲美。同时二硫化钼的电流开光比非常大，可达到 10^8[148]。这些优异的性能使得二硫化钼低维结构非常适合用来构筑新一代的微纳电子器件。

二硫化钼的光学性质与二硫化钼的层数有密切的关联。在光吸收方面，块体的二硫化钼母体是间接带隙半导体，不存在吸收特征峰；而二硫化钼在厚度减小到单层时会变为直接带隙半导体，通过紫外吸收光谱实验，结果表明在 620 nm 和 670 nm 附近会出现两个明显的特征吸收峰，分别对应 A 和 B 两种垂直的价带 – 导带跃迁方式[149]。

2.5 本章小结

　　本章对近十几年以来实验和理论热门研究的几种新型二维半导体材料及其一维纳米带的电子结构和电磁性质等进行了简单介绍。这些材料在晶体电路中各种光电子元件上都有广泛的应用。同时随着器件设计趋于原子、分子和纳米尺度，基于新型低维半导体材料的二维、一维和零维材料设计的新一代固态纳米量子器件，如半导体激光器、整流器件、场效应管、整流器、自旋电子器件等的发展和成熟会带来微电子和光电子技术的发展革新，极有可能带来新的技术革命，出现功能更强大、性能更优越的人工微结构材料和以低维纳米材料为基础的具有新功能的纳米器件。

3

理论基础

　　基于密度泛函理论的第一性原理方法，是研究多电子体系电子结构的有效方法之一。该方法中全势线性缀加平面波方法（Full Potential Linearized Augmented Plane Wave，FPLAPW）采用了简单但可行的基函数展开，在计算体系的能量、能带结构、态密度等方面已经得到了非常广泛和成功的应用。同时，随着低维材料的发展，这一方法也成为研究低维材料稳定性和电磁性质的有力工具，并且已被我们的具体计算表明其适合三维、二维材料及一维纳米带的研究。我们不但利用此方法研究多种材料结构的稳定性和电子性质，而且对纳米带改性后的一维模型进行结构的优化和电磁性质的计算，从中筛选出结构稳定、具有磁性的纳米带，揭示掺杂、钝化、吸附或形变等多种手段对纳米带磁性质的影响规律，使得大家对纳米带的磁相互作用机制有进一步的理解和认识。

3.1　密度泛函理论

　　密度泛函理论是计算分子和固体的电子结构和总能量的有力工具，是多粒子系统能带理论研究的重要方法。固体能带理论的主要任务是确定固体电子能级，也就是能带，它是凝聚态物理中最成功的理论之一，是固体电子论的支柱。固体的许多基本物理性质，如振动谱、磁有序、电导率、热导率、光学介电函数等,原则上都可由固体的能带理论阐明和解释,对固体这样一个每立方米中有 10^{29} 数量级原子核和电子的多粒子系统,必须采用一些近似和简化:通过绝热近似将原子核的运动与电子的运动分开;通过 Hartree-fock 自洽场方法将多电子问题简化为单电子问题。

一般来讲,利用第一性原理方法计算材料电子结构的过程,就是求解多电子体系 Schrödinger 方程的过程。但由于多电子体系的复杂性,准确求解 Schrödinger 方程的可能性很小。可以通过各种合理的简化和近似处理,得到相应体系的近似解。广泛采用的近似方法有绝热近似和 Hartree-fock 近似等。但是 Hartree-fock 近似是一种平均场近似,把所有电子都看作在离子势场和其他电子的平均势场中运动,忽视了电子与电子的交换和关联作用。为了解决这一问题,1964 年,Hohenberg 和 Kohn 提出了密度泛函理论[150-153]。它的基本思想是原子、分子和固体的基态物理性质可以用粒子密度函数来描述,可归结为两个基本定理[153]。

定理一: 不计自旋的全同费米子系统的基态能量是粒子数密度函数 $\rho(r)$ 的唯一泛函,即系统的基态能量可以写成下面的泛函形式:

$$E[\rho] = F_{HK}[\rho] + \int \rho(r) V_{ext}(r) \, dr。 \tag{3-1}$$

其中,$V_{ext}(r)$ 是电子所受的外势场,由它来区别不同的多电子体系;$F_{HK}[\rho]$ 是 $\rho(r)$ 的普适泛函,与外场无关。由于 $F[\rho]$ 的表达式未知,将与无相互作用粒子相当的项单独写出:

$$F[\rho] = T[\rho] + \frac{1}{2} \iint dr dr' \frac{\rho(r)\rho(r')}{|r-r'|} + E_{XC}[\rho]。 \tag{3-2}$$

其中,第一和第二项分别是无相互作用粒子模型的动能项和库仑排斥项,第三项 $E_{XC}[\rho]$ 为交换关联相互作用,代表了所有未包含在无相互作用粒子模型中的相互作用项。$E_{XC}[\rho]$ 也为 ρ 的泛函,但不知具体的表示形式。

定理二: 能量泛函 $E[\rho]$ 在粒子数不变条件下对正确的粒子数密度函数 $\rho(r)$ 取极小值,并等于基态能量。

从 Hohenberg-Kohn 定理可以看到,对于多粒子体系,基本的物理变量都可由粒子数密度函数来描述。为了得到系统的基态，基本途径是将能量泛函对粒子数密度函数进行变分。但仍有 3 个问题亟待解决：

①粒子数密度函数 $\rho(r)$ 未知；

②动能泛函 $T[\rho]$ 具体表示未知；

③交换关联能泛函 $E_{XC}[\rho]$ 的具体形式未知。

对于第一和第二个问题，W. Kohn 和 L. J. Sham 找到了解决方法[154]。$\rho(r)$ 可表示为

$$\rho(r) = \sum_{i=1}^{N} |\psi_i(r)|^2 \, \text{。} \tag{3-3}$$

这样，对 ρ 的变分可变为对 $\psi_i(r)$ 的变分，拉格朗日乘子则变为 E_i，于是有

$$\{-\nabla^2 + V_{KS}[\rho(r)]\}\psi_i(r) = E_i\psi_i(r) \, \text{。} \tag{3-4}$$

其中

$$V_{KS}[\rho(r)] \equiv v(r) + V_{Coul}[\rho(r)] + V_{XC}[\rho(r)]$$

$$= v(r) + \int dr' \frac{\rho(r')}{|r-r'|} + \frac{\delta E_{XC}[\rho]}{\delta\rho(r)} \, \text{。} \tag{3-5}$$

上面式（3-3）、式（3-4）和式（3-5）被称为 Kohn-Sham 方程。可以看出，Kohn-Sham 方程为自洽方程组，通过自洽求解得 $\psi_i(r)$，基态密度函数可由式（3-3）得到。由此，即可精确地求解体系的基态的能量、波函数及各物理量算符期待值等。

对第三个问题，一般通过采用局域密度近似（Local Density Approximation，LDA）或广义梯度近似（Generalized Gradient Approximation，GGA）[155-156]方法解决。

对于局域密度近似[157-158]，假设电荷密度 $\rho(r)$ 随着空间位置变化缓慢，则 r 处体积元内的电子密度可看作均匀。于是，系统的交换——关联能可表示如下：

$$E_{xc}[\rho] = \int dr\rho(r)\varepsilon_{xc}[\rho(r)] \, \text{。} \tag{3-6}$$

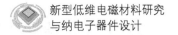
则相应的交换关联势表示为

$$V_{xc}[\rho(r)] = \frac{\delta E_{xc}[\rho(r)]}{\delta\rho} = \varepsilon_{xc}[\rho(r)] + \rho\frac{\mathrm{d}\varepsilon_{xc}[\rho(r)]}{\mathrm{d}\rho(r)} \text{。} \qquad (3-7)$$

式（3-7）第一项为均匀电子气的交换关联能密度，它可表示成 $\rho(r)$ 的函数。而这个函数可以求得解析解或精确的数值解。由此计算结果求得 ε_{xc}，再拟合成 $\rho(r)$ 的函数，这样 V_{xc} 就可完全确定。到此为止，Kohn-Sham 方程就能自洽求解了。

对运用 LDA 计算的材料性质与实验结果比较后发现，此近似能成功预测大多数半导体和金属的基本物理性质，如晶格常数、结合能和价带结构等。但是，LDA 不适用于均匀气体或空间电荷密度变化较大的电子气体系。例如，对 s-d 结合体系，计算的结合能偏高，对碱金属带宽的计算也偏大。此外，对一些 3d 和 4f 系统，得到的能带结果也与实验不一致。

而 GGA[155-156]，则假定某一小空间内的交换关联能密度与该空间的局域电荷密度和近邻小空间的电荷密度都有关系，即可表示为

$$E_{xc} = \int\rho(r)\varepsilon(\rho(r),\nabla\rho(r))\mathrm{d}r \text{。} \qquad (3-8)$$

与 LDA 相比，GGA 对预测材料的性质表现出以下优势：GGA 能更精确地预测轻原子多电子体系的基态性质；GGA 能准确得到许多金属的基态；对许多重金属晶体的晶格常数的预测，GGA 得到的结果更接近实验值。

计算材料磁电性质所用的 WIEN 程序包[159-160]运用的是基于密度泛函理论的 FPLAPW[161-162]，它是以线性缀加平面波（Linearized Augmented Plane Wave, LAPW）为基础发展起来的。LAPW 方法把晶体分成两个区域，不重叠的原子球（muffin-tin 球）区和其余的间隙区。两个区域的波函数表示方法不同，球内的波函数为球面波，球外为缀加平面波，即

$$\varphi_L(k,\rho) = \begin{cases} \sum_{lm}[a_{lm}R_l(E) + b_{lm}\dot{R}_l(E)]Y_{lm}(\hat{\rho}) & (\rho < \rho_v) \\ \Omega_c^{-1/2}e^{ik\cdot\rho} & (\rho \geq \rho_v) \end{cases} \text{。} \qquad (3-9)$$

此为 LAPW 基函数，其中 Ω_c 表示原胞体积。

以下我们省略基函数 ϕ 的下标 L（线性化），在本节内 $\phi(k,\rho)$ 均表示 LAPW 基函数。我们设

$$\begin{cases} k_i = k + K_i \\ \phi_i = \phi(k_i,\rho) \end{cases},$$

这里 K_i 表示倒格矢。则晶体波函数 ψ 可表示为

$$\psi = \sum_i c_i \phi_i 。 \tag{3-10}$$

用标准的 Rayleigh-Ritz 变分法，可得到久期方程：

$$\det |H_{ij} - ES_{ij}| = 0 。 \tag{3-11}$$

这里

$$H_{ij} = \int d^3 r \phi^*(k_i,r) H \phi(k_j,r) \tag{3-12}$$

$$S_{ij} = \int d^3 r \phi^*(k_i,r) \phi(k_j,r) \tag{3-13}$$

再将式（3-9）代入上式，可得

$$S_{ij} = U(K_i - K_j) + 4\pi\Omega_c^{-1}\rho_v^4 \sum_l (2l+1) P_l(\cos\theta_{ij}) S_{ij}^l, \tag{3-14}$$

这里

$$S_{ij}^l = a_l(k_i) a_l(k_j) + b_l(k_i) b_l(k_j) N_l, \tag{3-15}$$

其中

$$a_l(k) = j'_l(k) \dot{R}'_l - j_l(k) \dot{R}'_l,$$

$$b_l(k) = j_l(k) \dot{R}'_l - j'_l(k) R_l,$$

$$U(K) = \delta_K - 4\pi\Omega_c^{-1}\rho_v^2 \frac{j_l(K\rho_v)}{K} 。 \tag{3-16}$$

这里 θ_{ij} 是 k_i 和 k_j 间的夹角，$P_l(\cos\theta_{ij})$ 是勒让德多项式，可通过球谐函数的求和规则求出。$U(K)$ 是一个阶梯函数的傅里叶级数变换式。这个函数在原子球内等于 0，而在球外等于 1。同样：

$$H_{ij} = k_j^2 U(K) + 4\pi\Omega_v^{-1}\rho_v^4 \sum_l (2l+1) P_l(\cos\theta_{ij}) [E_l S_{ij}^l + a_l(k_i) b_l(k_j)],$$

$$\tag{3-17}$$

式 (3-17) $a_l b_l$ 项中，加入再减去 $j_l(k_i) R_l R_l(k_j)$ 的项，用贝塞尔函数求公式，可以变为

$$H_{ij} = k_i \cdot k_j U(K) + 4\pi\Omega_c^{-1}\rho_v^4 \sum_l (2l+1) P_l(\cos\theta_{ij})(E_l S_{ij}^l + \gamma^l),$$

$$(3-18)$$

这里

$$\gamma^l = \dot{R}_l R'_l [j'_l(k_i)j_l(k_j) + j_l(k_i)j'_l(k_j)] - [\dot{R}'_l R' j_l(k_i)j_l(k_j) \\ + \dot{R}_l R_l j'_l(k_i)j'_l(k_j)],$$

$$(3-19)$$

其中，H_{ij} 是厄密的。因此久期方程式可由标准的矩阵方法来解出。

另外，LAPW 方法对势在球内和球外也采用不同的表示。将 Muffin-tin 势 $V_{MT}(r)$ 表示为

$$V(r) = V_{MT}(r) + V_I(r) + V_{NS}(r),$$

$$(3-20)$$

这里 $V_I(r)$ 在球隙区域不等于 0，而在球内区域等于 0；$V_{NS}(r)$ 为球内势的非球对称部分。LAPW 方法的基函数仍保持式（3-9）不变，仅在哈密顿量中有所不同，能量矩阵元中增加了两项：

$$H_{ij} = H_{ij}^{MT} + V_{ij}^I + V_{ij}^{NS},$$

$$(3-21)$$

这里 V_{ij}^I 只在球间区域内才不等于 0，此时基函数有平面波形式。平面波实际上足够多，完全可以用适当的变分自由度来求解球隙区域内的修正。球内的修正常可以用球谐函数展开：

$$V_{NS}(r) = \sum_{LM} v_{LM}(r) Y_{LM}(\hat{r}),$$

$$(3-22)$$

于是矩阵元可以写为

$$V_{ij}^{NS} = 4\pi\Omega_c^{-1}\rho_v^4 \sum_{l,m} \sum_{L,M} \sum_{l',m'} G(lLl', mMm') \times$$

$$\int_0^{\rho_v} \mathrm{d}r r^2 [a_{l'}(k_i) R_{l'} + b_{l'}(k_i)\dot{R}_{l'}] v_{LM} [a_l(k_j) R_l + b_l(k_j)\dot{R}_l],$$

$$(3-23)$$

这里 $G(lLl', mMm')$ 是 3 个球谐函数的积分，可以用 Clebsh-Gordan 系数展开。由上可以看出，把非球对称势的效应加入 LAPW 方法是可行的。

FPLAPW 方法在上述 LAPW 方法的基础上，对势场的近似进行了改进，考虑了所有的电子势。其基本思想是：一个局域电荷外面的势场仅通过多极矩依赖电荷，为了求得晶体中球间区内的势场，只需要知道缓变的球间区内的电荷密度和各个球内电荷多极矩的（快速收敛的）傅里叶表示。对势进行改进以后，虽然加大了计算量，但可以更精确地计算体系的表面、界面和非密堆积的结构晶体等。

3.2 非平衡态格林函数和密度泛函理论相结合方法

非平衡态格林函数结合密度泛函理论方法是一种基于平均场的微扰理论的现代电子结构计算方法，它是处理开放体系介观输运问题的有力工具，它实现了赝势法和原子轨道线性组合的紧束缚方法，不但能准确预测纳米电子器件的电磁性质，而且可以处理纳米器件中的量子输运问题。由于我们在计算输运性质时会引入电场和磁场，这会使得情况更加复杂，因此有必要使用非平衡态格林函数，它最大的优势是可以方便地处理多粒子体系中粒子之间的各种相互作用。

第一性原理计算只需要 5 个基本物理常数——电子质量、电子电量、普朗克常量、光速和玻尔兹曼常数，不需要任何经验参数就可以求出系统的电子结构和基本性质。但是大多数在第一性原理框架内的计算方法都有两个方面的局限：①只能适用于有限或周期性系统；②系统必须处于平衡态。而原子/分子尺度系统与电极材料组成的双电极体系是无限和非周期性的系统。并且，当有限的偏压加到电极上以后，整个系统会处于非热平衡态，因此这些方法不再适用。在密度泛函理论基本框架下的非平衡态格林函数方法，则突破了这个限制，可以直接计算处于非平衡态的双电极系统的电子输运性质。

在非平衡态格林函数方法中，输运系统包含 3 个区域：一个中心散射区（ C ）和左右两个半无限长的电极（ L 和 R ），如图 3.1 所示。为了描述这个无限长的输运体系，中心散射区内包含几层电极原子，形成一个有限的 L-C-R 系统。假定中心分子和电极原子的耦合只存在于这个有限的 L-C-R 系统中，即该系统内中心分子和电极原子上，而与两个半无限长电极的耦合作用为 0。这样，无限输运系统的电子密度就可由这个有限的 L-C-R 系统的密度矩阵和格林函数矩阵得到。而密度矩阵和格林函数矩阵可以由有限矩阵的逆矩阵求得：

$$\begin{pmatrix} H_L + \Sigma_L & V_L & 0 \\ V_L^\dagger & H_C & V_R \\ 0 & V_R^\dagger & H_R + \Sigma_R \end{pmatrix}, \qquad (3-24)$$

其中，H_L、H_R、H_C 分别为 L、R、C 区域的哈密顿矩阵，V_L（V_R）为 L（R）区域与 C 区域的相互作用。自洽能 Σ_L 和 Σ_R 表示 L、R 区域与半无限长电极其余部分的耦合。值得注意的是，为了确定 V_L、V_R、H_C，我们不需要知道 L-C-R 以外区域精确的密度矩阵，因为这对 L-C-R 区域的静电势没有影响。

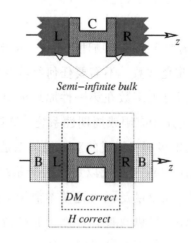

图 3.1　输运系统模型

哈密顿量，即式（3－24）中的 $H_{L(R)} + \Sigma_{L(R)}$ 可分别由左右电极材料所在的块材系统得到。这些系统在 z 方向满足周期性边界条件，其哈密顿量可用布洛赫定理求得。其他的各项 V_L、V_R、H_C 则取决于非平衡电子密度，可通过自洽求解。

非平衡电子密度自洽求解过程如图 3.2 所示。首先给定一个初始的电子密度，然后利用密度泛函理论（Density Functional Theory，DFT）得到扩展分子的哈密顿矩阵，之后利用非平衡态格林函数方法计算得到新的电子密度。再将新的电子密度作为初始值进入下一轮循环进行自洽计算，直到电子密度 ρ_{i+1} 和 ρ_i 的差值满足收敛标准。

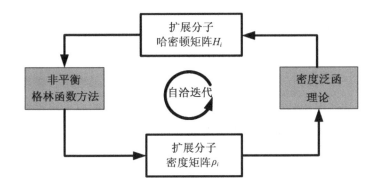

图 3.2　非平衡电子密度自洽求解过程

自洽收敛后，电流可分别通过计算电子透射通过电子器件的概率来求得电流值，计算公式如下[163]：

$$I(V) = \frac{2e}{h} \int_{-\infty}^{+\infty} T(E,V) \left[f_L(E,\mu_L) - f_R(E,\mu_R) \right] \mathrm{d}E \text{。} \qquad (3-25)$$

此式称为 Landauer-Büttiker 公式。其中，E 是电子的能量，$f_{L(R)}(E,\mu)$ 是左（右）电极的费米－狄拉克分布，$\mu_{L,R} = E_F \pm eV/2$，为左右电极的电势，$T(E)$ 为电子从左电极转移到右电极的透射概率，由下式定义：

$$T(E) = Tr \left[\Gamma_L G^R \Gamma_R G^A \right] \text{，} \qquad (3-26)$$

其中，$G^{R\,(A)}$ 为中心区的格林函数，$\Gamma_{L(R)}$ 为左（右）电极的耦合矩阵。

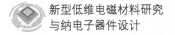
自旋电流则通过如下公式计算：

$$I^{\uparrow(\downarrow)}(V) = \frac{e}{h} \int_{-\infty}^{+\infty} T^{\uparrow(\downarrow)}(E,V)[f_L(E,\mu_L) - f_R(E,\mu_R)]\mathrm{d}E。$$

$$(3-27)$$

$T^{\uparrow(\downarrow)}(E,V)$ 定义为

$$T^{\uparrow(\downarrow)}(E) = Tr[\Gamma_L G^R \Gamma_R G^A]^{\uparrow(\downarrow)}。 \qquad (3-28)$$

3.3　本章小结

　　本章对基于密度泛函理论的第一性原理方法和非平衡态格林函数结合密度泛函理论方法进行了介绍。基于密度泛函理论的第一性原理方法是研究多电子体系电子结构的有效方法之一，而非平衡态格林函数结合密度泛函理论方法是一种现代电子结构计算方法，它实现了赝势法和原子轨道线性组合的紧束缚方法等，不但能准确预测纳米电子器件的电磁性质，而且可以处理纳米器件中的量子输运问题。

4

掺杂六角氮化硼纳米带的奇异输运性质

二维的 $h-$BN 虽然具有和石墨烯类似的结构，但其更大的离子性，使它作为宽带隙材料具有不同于石墨烯的良好的化学惰性、热稳定性及许多其他优异的物理性质，可用于制备在高温高压等苛刻条件下的器件。但是，二维 $h-$BN 片和一维氮化硼纳米带的宽带隙和低导电性大大阻碍了它的发展。要拓宽氮化硼材料在纳米电子学和光电子学等领域的应用，有效地调控其电子结构是一个关键问题。研究发现，有多种途径可以实现对 $h-$BN 材料输运性质的有效调控，如掺杂、边缘修饰、应力作用和门电压等，其中掺杂是最有效的方法之一。由于碳原子的半径介于硼和氮原子之间，碳原子的掺杂不会引起氮化硼材料结构上大的形变，是研究者们最常用的掺杂原子。

4.1　掺杂 $h-$BN 纳米带的电磁性质

当前，利用 B 或（和）N 原子掺入 GNRs 中的方法，科学家们构建了各种基于 GNRs 的电子器件，并且在其中发现了优异的输运性质，如负微分电阻效应（Negative Differential Resistance，NDR）和较高的整流率（Rectification Ratio，RR）等。NDR 是指电压增大，而电流减小所呈现出来的电阻。NDR 有许多实际的应用价值，可以制作成振荡器、倍频器、存储器和超快转换器等。大量的理论和实验报道已经证明碳原子掺杂为 h-BN 材料的性能调控提供了一条有效的途径。实验上，Ci 等[164]已经大面积合成了原子层状的 *h*-BNC 材料；Wei 等[165]通过电子束辐照的方法成功实现了将 C 原子掺杂到二维的 *h*-BN 片和一维的氮化硼纳米带、纳米管中。

理论上，早在 2007 年，Du 等[93,166]就发现对于无磁性的 BNNRs，C 原子掺入后替代 B 或 N 原子都可以诱导自发磁矩。从图 4.1 可以看到，纯的 ZBNNRs 或 ABNNRs 自旋向上和向下的态密度完全对称，为无磁性的半导体。而掺入 C 原子后，不管替代 B 或 N，其自旋向上和向下两个通道的态密度在费米面附近不再对称，两者都转变为磁性金属。

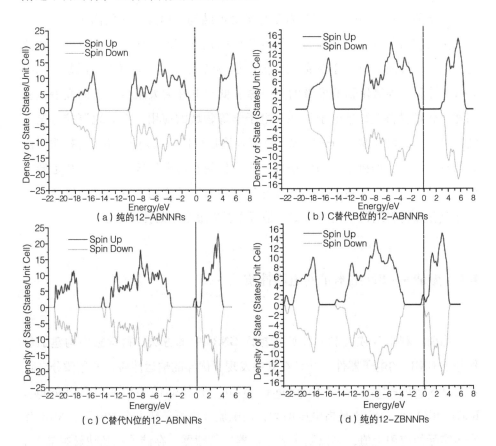

（a）纯的12-ABNNRs

（b）C替代B位的12-ABNNRs

（c）C替代N位的12-ABNNRs

（d）纯的12-ZBNNRs

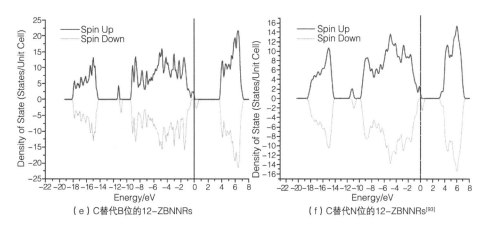

（e）C替代B位的12–ZBNNRs　　　　　（f）C替代N位的12–ZBNNRs[93]

图4.1　BNNRs 的态密度[166]

Beheshtian 等[167]和 Tang 等[168]分别对在 BNNRs 中心掺入一条和由边缘依次掺入多条碳链后的电子性质进行了基于密度泛函理论的研究。Beheshtian 等[167]发现将一条碳链掺入 BNNRs 中心后，碳链周围出现了电极化，如图 4.2 所示。与纯的 BNNRs 相比，掺杂的 BNNRs 的极化强度显著增强。另外，掺杂还可以有效地减小 BNNRs 的能隙，如图 4.3 所示。对于不同宽度的 ZBNNRs 和 ABNNRs，掺入碳链对它们费米面附近的分子轨道和能级的空间分布有很大影响。而在加入一个沿碳链方向的电场后，由碳链诱导的偶极矩能够被减弱甚至消失。同时，外加电场也能够通过改变带隙控制 BNNRs 的传导性。而 Tang 等[168]发现在不外加电场的情况下，对于 B 边缘氢化而 N 边缘裸露的 ZBNNRs，通过调节掺入碳链的条数可以实现掺杂 ZBNNRs 的性质从半导体到半金属再到金属性的转变。如图 4.4 所示，在 B 边缘氢化的 ZBNNRs，在不掺杂和另一边缘掺入一条碳链后 ［图4.4（c）］，表现出半导体特性，虽然自旋向下的通道带隙非常小；而由边缘掺入 3 条碳链后，其呈现出有趣的半金属性；继续增加掺入碳链条数至 5 条时 ［图 4.4（e）］，其性质又转变为金属性。

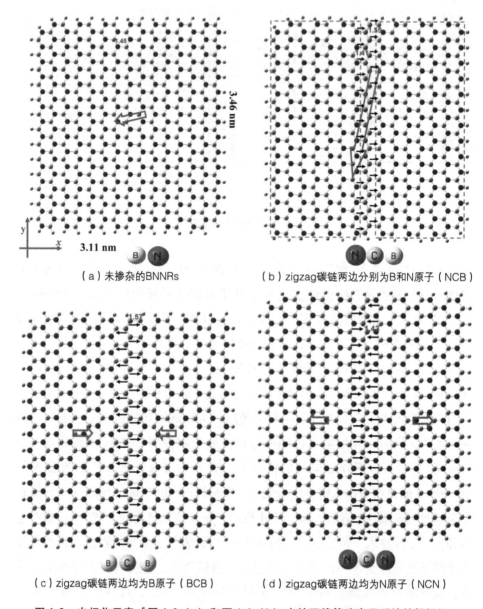

（a）未掺杂的BNNRs

（b）zigzag碳链两边分别为B和N原子（NCB）

（c）zigzag碳链两边均为B原子（BCB）

（d）zigzag碳链两边均为N原子（NCN）

图4.2 电极化示意 ［图4.2（a）和图4.2（b）中的双线箭头表示系统的偶极矩；
图4.2（c）和图4.2（d）中的双线箭头表示对应两边的偶极矩。单线箭头
表示 B—C 或 N—C 键的局域偶极矩］[167]

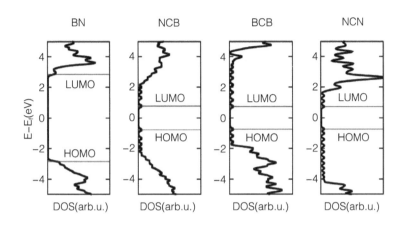

图4.3　4个系统的态密度[167]

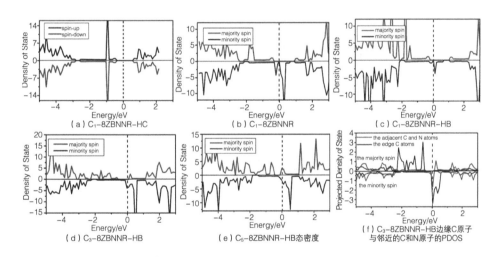

图4.4　掺杂8ZBNNR的态密度[168]

　　Song 等[169] 研究发现，当 C 原子掺杂到氢化 ZBNNRs 的不同位置时，ZBNNRs 的电子性质会随之改变（图4.5）。通过仔细调控 C 原子的掺杂浓度和掺杂位置，掺杂的 ZBNNRs 可以表现出磁性半导体性、半金属性及磁性金属性。此外，他们还发现，碳原子掺杂位置越接近边缘，纳米带的能量越低。这也从理论上证明了 Wei 等[165] 的实验结果，即 C 原子的替代更容易发生在 BN 纳米片或纳米带的边缘、褶皱的最表面。

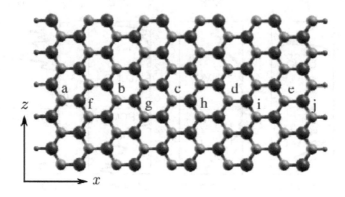

**图 4.5 掺杂的 ZBNNRs 结构示意（$a \sim j$ 表示 C 的掺杂位置；大、中和小圆球
分别代表 N、B 和 H 原子；z 轴是纳米带的周期性方向）[169]**

4.2 计算方法和计算参数设置

4.2.1 计算方法

本章及以下关于电子输运性质的计算采用的是由 Atomistix 公司在 McD-
Cal、SIESTA 和 TansSIESTA 等电子结构计算程序包的基础上开发出来的 Atom-
istix Tool Kit（ATK）软件。该软件基于非平衡态格林函数和密度泛函理论相
结合的方法，将非平衡态格林函数技术糅合到 SIESTA 程序包中，实现了在非
平衡态下对电子或自旋极化的量子输运的理论模拟。一方面，它在弛豫原子
坐标和优化体系结构时采用准牛顿方法，尤其是可以在固定部分原子的情况
下进行结构优化，由此实现多原子大体系结构的快速优化；另一方面，在密
度泛函理论基础上，利用非平衡态格林函数方法来计算纳米电子器件在外置
偏压、门压或温差下的电子输运性质。因此，它能在纳米电子器件中两个电
极具有不同化学势的情况下，计算其电流、穿过接触结的电压降、电子透射
波和电子的透射系数等。

ATK 具有原子尺度的建模技术，能够计算纳米系统的多种性质，可以计
算包含电极和散射区的纳米器件的电子性质。它提供了两种不同的界面来执

行电子输运的计算：图形化界面 VNL 和命令行界面 ATK。图形化界面 VNL 是用 Python 语言编写的，由于其直观易用的可视化界面，使用者能够方便地进行建模、设置参数等操作。而命令行界面 ATK 则可以使用脚本实现对计算过程更多的操控。

图 4.6 对 VNL/ATK 的功能做了简单概括。ATK 内核具有多种计算引擎，包括 DFT 和半经验方法。其中半经验方法可以计算包含近千个原子的体系的电子结构和输运性质。另外，ATK 可以描述 3 种不同类型的系统，不仅可以计算双电极系统在外置偏压下的电流、电子透射系数等，还可以对孤立的分子系统和具有周期性的体系进行电子结构计算。我们不仅可以运用 VNL/ATK 计算具有周期性的一维纳米带的电子性质，还成功实现了对双电极系统的输运性质的预测。

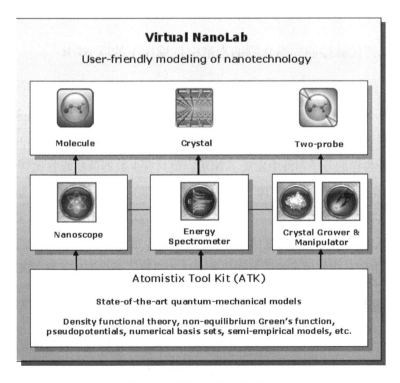

图 4.6　VNL/ATK 功能简介

4.2.2　计算参数设置

在本章对氮化硼输运器件的性质研究中，参数设置如下：交换关联函数选取的是广义梯度近似 GGA-PBE，芯电子选用的是标准规范守恒（Norm-Conserving）。基组选用的是单极化的基组（Single Zeta Polarized，SZP）。同时我们也使用更精确的双极化基组（Double Zeta Polarized，DZP）计算了系统左右电极的能带结构，发现其结果与 SZP 类似，尤其是在费米面附近，能带没有明显的变化，因此我们选择了较节约计算资源和时间的 SZP。截断能为 150 Ry，在 x、y 和 z 方向的 k 点取样分别为 1、1 和 100，这些取样足够收敛计算结果。另外，我们设置哈密顿、电子密度和能带结构的收敛标准都为 10^{-4}，边缘用以氢化的氢原子充分弛豫，直到原子间的作用力小于 0.05 e/Å。

4.3　碳替代氮控制的氮化硼纳米带中低偏压下的巨 NDR

自从 Esaki 等[170]于 1958 年在 Germanium p-n 结中发现了 NDR 以来，越来越多的科学家对这一量子电输运现象表现出了浓厚的兴趣。近几年，科学家们在各种各样的分子器件中发现了 NDR。但只有少数器件的峰谷比（Peak-to-Valley Ratio，PVR）能达到 $10^{3\,[171-172]}$，大部分都不超过 $10^{2\,[173-175]}$，这远远不能满足实际应用的需要。另外，为了降低器件的功率损耗，人们越来越热衷于寻找低偏压下，尤其是毫伏偏压下具有 NDR 的器件。本节我们通过调控 ABNNR 中碳替代氮原子的浓度和位置，成功实现了毫伏偏压下的 NDR。

4.3.1　器件设计

第一性原理计算已经表明，ABNNRs 呈现出半导体性，且带隙随着带宽震荡，其中带宽 N_a 为 $3n+1$ 时具有相对大的带隙。为了得到更好的输运性质，我们选择 7-ABNNRs 作为掺杂对象。图 4.7 给出了 C 掺杂 7-ABNNRs 的结构示意。每一个系统都由 3 个部分组成：左右两个半无限长的电极和电极中间的散射区。每个电极包含一个重复的掺杂 BN 晶胞，散射区则有两个 BN 晶胞。我们考虑了基于 7-ABNNRs 的两种不同的掺杂模型：第一种为 C 原子有序掺杂到 7-ABNNRs 的一个边缘，记为 M1E；第二种为 C 原子有序掺杂到 7-ABNNRs 的中心行，记为 M1C。我们知道，纯的 7-ABNNRs 关于纳米带两个边缘的中心面是中心对称的。中心掺杂的 M1C 模型保持了这种对称性，而边缘掺杂的 M1E 模型打破了这种对称性。同时，我们用氢对模型的边缘原子进行了钝化，并且保证 x 和 y 方向的真空层都大于 12 Å。在计算纳米带的性质之前，对其进行了几何优化。

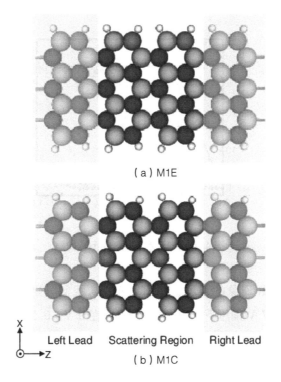

（a）M1E

X

Left Lead   Scattering Region   Right Lead

Z

（b）M1C

图 4.7　C 掺杂 7-ABNNRs 的结构示意

4.3.2　计算结果分析

首先我们计算了碳掺杂氮化硼纳米带模型 M1E 和 M1C 的电流 – 电压曲线（I-V 曲线），如图 4.8 所示。可以看到，当偏压从零开始增大时，电流先线性增大，然后快速减小，表现出明显的 NDR。对于 M1E，电流从 0.3 V 偏压处开始减小，在 [0.70 V, 0.95 V] 偏压范围内几乎为零。NDR 的 PVR 达到 10^4。而对于 M1C，NDR 峰的位置移到了 0.55 V，且 PVR 减小到了 10^2。为了比较，图 4.8 中也画出了纯的 7-ABNNRs 的 I-V 曲线。比较发现，纯的氮化硼纳米带中没有出现 NDR 现象，说明掺杂 M1E 和 M1C 系统中的 NDR 是由 C 原子的掺入引起的。

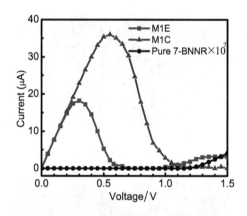

图 4.8　M1E 和 M1C 的 I-V 曲线

为了研究 NDR 现象的来源，在图 4.9 中，我们分别画出了模型 M1E 在 0 V、0.3 V 和 0.7 V 偏压下，以及模型 M1C 在 0 V、0.55 V 和 1.2 V 偏压下的输运谱和对应的左右电极的能带结构。可以看到，偏压为零时，两个模型中的电极能带都出现了一条半满的杂质带穿过了费米面。图 4.9（a）中，杂质带与价带顶和导带底分别存在较宽的能隙。因为在此能量范围内左右电极没有能带交叠，所以在 [−0.9 eV, −0.3 eV] 和 [0.4 eV, 3.8 eV] 能量范围，输运系数为零。因此，在零偏压下的输运谱中，只有一个孤立的输运峰位于费米面附近,这个输运峰是两电极匹配的杂质带产生的。当系统加正向偏压时,如 0.3 V 时,左电极能带下移,右电极能带上移,两电极杂质带匹配度降低,因此输运峰明显变窄。但由于随着偏压的升高偏压窗扩大,偏压窗内的输运谱积分面积增大,因此从 I-V 曲线中可观察到电流升高。偏压从 0.3 V 继续增加时,虽然偏压窗继续扩大,但由于输运峰急速变窄,导致偏压窗内的输运谱积分面积减小,从而电流开始降低,NDR 产生。直到偏压增大到 0.7 V 时,由于 M1E 两电极的杂质带不再匹配导致费米面附近输运峰的消失,而且由于杂质带和价带顶存在能隙,此时左电极杂质带和右电极价带尚未交叠贡献新的输运峰,因此偏压窗内输运谱为零,导致此偏压下的电流几乎为零,因此 NDR 的 PVR 高达 10^4。

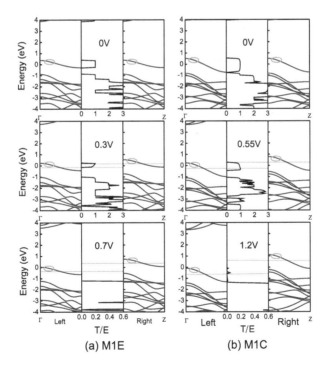

(a) M1E (b) M1C

图 4.9 M1E 和 M1C 不同偏压下的输运谱及左右电极的能带结构(灰色椭圆表示掺杂 C 原子的能带)

比较图 4.9（a）和图 4.9（b），中心掺杂模型的电极能带结构的杂质带明显比边缘掺杂的要宽，从而导致零偏压下 M1C 费米面附近的输运峰更广域。同时，也导致 M1C 的电流变化比 M1E 要滞后。比如，M1E 系统电流达到峰值和趋于零值偏压分别为 0.3 V 和 0.7 V，而 M1C 系统这两个偏压分别为 0.55 V 和 1.2 V。另外，我们发现，虽然分别在 0.7 V 和 1.2 V 时，两系统 M1E 和 M1C 电流都处于最小值，但 M1C 在 1.2 V 时偏压窗内仍有小的输运峰出现，这和 M1E 在 0.7 V 时偏压窗内的零输运谱不同。这主要是因为 M1C 中电极的杂质带较宽，杂质带和价带顶的能隙几乎为零。所以当加 1.2 V 偏压时，由于两电极杂质带匹配贡献的输运峰还未消失，左电极杂质带和右电极价带顶已经产生交叠，由此贡献的输运峰进入了偏压窗。因此，此时 M1C 存在小的电流值。这解释了为什么边缘掺杂具有更好的 NDR 效应。

为了更进一步分析 NDR 现象，表 4.1 列出了两系统在不同偏压下的 LUMO 和 HOMO 能级以及 HOMO-LUMO 能隙（HLG）。可以看到，对于系统 M1E（M1C），0.3 V（0.55 V）偏压下 HLG 为 0.50 eV（0.72 eV），而 0.7 V（1.2 V）偏压下 HLG 增大到了 3.07 eV（0.77 eV）。前人的研究[176-177]结果已经证明器件的 HLG 越小，电子越容易传输。因此，0.3 V（0.55 V）偏压下较小的 HLG 更有利于电子传输，所以此偏压下电流较大。相反，0.7 V（1.2 V）偏压下较大的 HLG 导致较小的电流。这样，NDR 产生了。

表 4.1　M1E 和 M1C 在不同偏压下的 LUMO 和 HOMO 能级
以及 HOMO-LUMO 能隙（HLG）　　　　　　　单位：eV

类别	M1E		M1C	
	0.30 V	0.70 V	0.55 V	1.20 V
LUMO	0.13	2.97	0.46	0.40
HOMO	− 0.37	− 0.10	− 0.26	− 0.37
HLG	0.50	3.07	0.72	0.77

由表 4.1 的分析可知，与中心掺杂模型 M1C 相比，边缘掺杂模型 M1E 在较低的偏压下就能出现较高 PVR 的 NDR 现象。我们也通过改变掺杂浓度进一步验证了这一结论。同时，在第 1.3 节已经提到，理论[169]和实验[165]证实 C 原子更容易掺杂到 BNNRs 的边缘位置。因此，作为 NDR 器件，边缘掺杂模型更有优势。

接下来，我们研究对于边缘掺杂模型，如何通过改变掺杂浓度实现更低偏压下的 NDR。首先我们建立了不同掺杂浓度的模型：M2E、M3E 和 M5E，分别对应每 2 个、3 个和 5 个氮化硼重复单元中有一个边缘的 N 被 C 原子替代。边缘掺杂模型 M1E、M2E、M3E 和 M5E 的 I-V 曲线如图 4.10（a）所示。可以发现，所有系统都呈现出显著的 NDR 特性，且其峰的位置会随着系统掺杂浓度的减小逐渐向低偏压移动：系统 M1E、M2E 和 M3E 的 NDR 峰依次位于

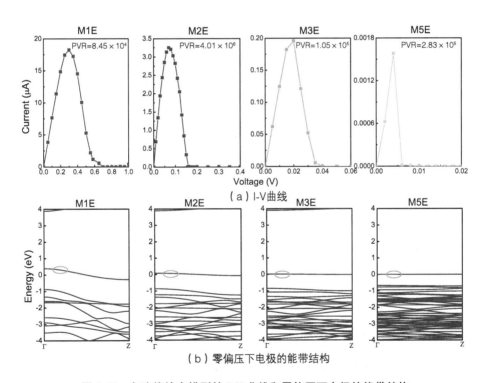

（a）I-V 曲线

（b）零偏压下电极的能带结构

图 4.10　各边缘掺杂模型的 I-V 曲线和零偏压下电极的能带结构

0.3 V、0.07 V 和 0.02 V 偏压，而 M5E 则在毫伏偏压（4 mV）下就可以发现
NDR 峰。另外，NDR 的 PVR 不会随着掺杂浓度的降低而减小，反而有增大的
趋势。例如，系统 M2E 的 PVR 可高达 10^6，M3E 和 M5E 的 PVR 也可达到
10^5。如此大的 PVR 在基于石墨烯纳米带的系统中也是少见的[178-182]。

为了进一步研究氮化硼纳米带中与掺杂浓度相关的 NDR，我们画出了相
应系统电极的能带结构，如图 4.10（b）所示。随着掺杂浓度的减小，杂质
带的宽度也迅速减小。根据以上的分析可知，NDR 峰的位置 V_{peak} 与杂质带的
宽度 ΔE 有如下的对应关系：

$$V_{peak} = \Delta E/(2e)。 \tag{4-1}$$

根据式（4-1），我们由系统 M1E、M2E、M3E 和 M5E 能带结构中杂
质带的宽度 0.67 eV、0.14 eV、0.04 eV 和 7.06 meV，可推测出 NDR 的峰
值位置分别位于 0.34 V、0.07 V、0.02 V 和 3.53 mV 偏压下，这和从 I-V
曲线中得到的结果非常接近。图 4.11 给出了各模型电极杂质带的宽度和预
测的 NDR 峰的偏压位置的变化曲线。从中可以明显看到，随着掺杂浓度的
降低，NDR 峰的偏压呈现出数量级的递减。对于更低掺杂浓度的系统，虽
然我们鉴于计算条件的限制不能直接通过计算 I-V 曲线而得到 NDR 峰发生

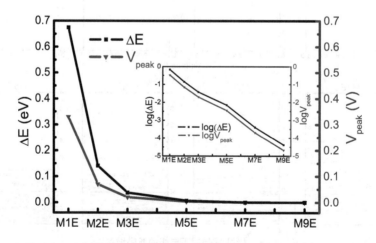

图 4.11 各模型电极杂质带的宽度和预测的 NDR 峰的偏压位置的变化曲线（插图中纵坐
标分别为杂质带的宽度的对数和预测的 NDR 峰的偏压的对数）

的偏压，但可以通过系统电极的能带结构与式（4－1）得到。于是我们继续降低掺杂浓度构建了 M7E 和 M9E，分别对应每 7 个和 9 个氮化硼重复单元中有一个边缘的 N 原子被 C 原子替代。我们通过计算其电极的能带结构，由杂质带的宽度计算得知其 NDR 的峰值分别位于 0.20 mV 和 0.02 mV 偏压。因此我们预测，进一步降低掺杂浓度，碳掺杂氮化硼器件中的 NDR 有望在低于毫伏偏压下实现。

另外，由于 C 原子比 N 原子少一个电子，C 替代 N 原子后产生空穴，属于 p 型掺杂。相反，C 原子替代 B 原子属于 n 型掺杂。但是从理论上来说，两种掺杂都可以提供输运通道。所以我们推测如果 C 原子掺入 ABNNRs 纳米带中替代 B 原子而不是 N 原子，也会出现相似的 NDR 现象。于是我们构建了相应的模型 C@ B-M1C，对应每 1 个氮化硼重复单元中有一个中心的 B 原子被 C 原子替代，以及 C@ B-M1E、C@ B-M2E、C@ B-M3E、C@ B-M5E 和 C@ B-M7E，分别对应每 1 个、2 个、3 个、5 个和 7 个氮化硼重复单元中有一个边缘的 B 原子被 C 原子替代，它们电极的能带结构如图 4.12 所示。我们发现了与 C 原子替代 N 原子时类似的特征：①对比 C@ B-M1E 和 C@ B-M1C，前者电极的杂质带明显比后者窄，可以推测边缘掺杂模型中的 NDR 可以在相对较低的偏压下实现；②随着掺杂浓度的降低，电极的杂质带逐渐变窄。系统 C@ B-M1E、C@ B-M2E、C@ B-M3E、C@ B-M5E 和 C@ B-M7E 杂质带宽度依次为 0.66 eV、0.15 eV、0.02 eV、2 meV 和 0.156 meV，由式（4－1）计算得到的 NDR 峰分别位于 0.33 V、0.075 V、0.01 V、1.0 mV 和 0.078 mV 偏压下。也就是说，毫伏偏压下的 NDR 也有望在 C 替代 B 的 ABNNRs 中实现。

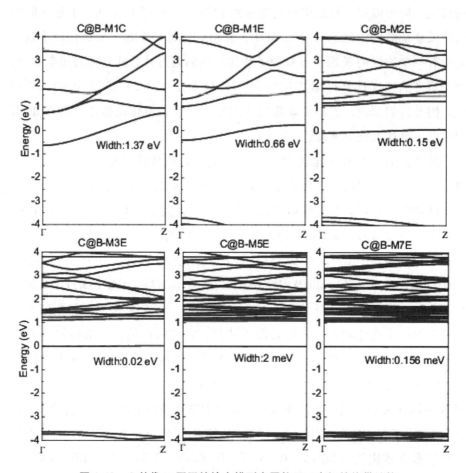

图 4.12　C 替代 B 原子的掺杂模型在零偏压下电极的能带结构

4.4　碳掺杂氮化硼纳米带构建的 p-n 结的输运性质

在上一节中，我们通过碳替代氮（硼）实现了毫伏偏压下的 NDR。本节我们继续研究碳原子对 ABNNR 输运性质的调控，通过 C 原子在纳米带左半部分和右半部分分别替代 B 原子和 N 原子，构建了基于 ABNNR 的 p-n 结。

4.4.1 基于掺杂 ABNNRs 纳米带的 p-n 结模型

图 4.13 为基于 9-ABNNRs 的 p-n 结的两电极系统。每一个氮化硼重复单元掺入一个 C 原子替代，在系统的左电极中，掺入的 C 原子有序替代了 B 原子，而在右电极中，C 原子替代的是 N 原子。散射区是由电极扩展直接连接而成。由于 C 原子比 B 原子多一个电子，因此左电极掺杂为典型的 n 型掺杂，相反，右电极掺杂属于 p 型掺杂。我们考虑了基于 9-ABNNRs 的两种不同的掺杂模型：第一种模型为 C 原子有序掺杂到异质结的中心行，此系统记作 S1；第二种为 C 原子有序掺杂到异质结的一个边缘行，此系统记作 S2。为了构建

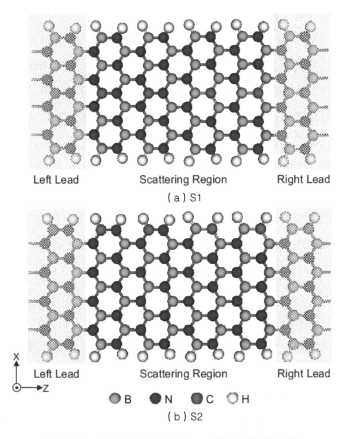

图 4.13 基于 9-ABNNRs 的 p-n 结的两电极系统

p-n 结，我们首先切割得到 9 个宽度的 ABNNRs（选用实验的晶格常数 $a =$ 2.5040 Å），并对边缘的原子进行了氢化以避免悬挂键的影响。在切割过程中，我们保证 x 和 y 方向的真空层都大于 12 Å。然后我们将 C 原子分别掺入左右电极，并对电极结构进行了优化。为了建立散射区，我们分别将优化后的两个晶胞长度的左右电极连接，并对其进行相同的优化。两电极和散射区就构成了我们要研究的两电极系统模型。与上一节类似，在计算输运性质之前，我们也对这两种模型分别进行了系统优化。

4.4.2 负微分电阻和巨整流效应

我们首先计算了两个系统的 I-V 曲线，如图 4.14（a）所示。可以发现如下的特征：①NDR 现象在正负偏压下都存在。当加正偏压时，由于电流表现出明显的震荡特性，出现了几次 NDR 峰。其中低偏压下，NDR 的 PVR 相对较高。S1 和 S2 系统在低正偏压下 PVR 可分别达到 10^3 和 10^5。也就是说，在正偏压下，可以通过改变系统的掺杂位置调节 NDR 的 PVR。而在负偏压下，两个系统分别都只出现了一次 NDR 现象，但是由于随着负偏压的升高，电流能降低到接近零的值，所以其 PVR 均可高达 10^7。②在高的正负偏压区域，两系统的 I-V 曲线都具有明显的不对称性：随着正偏压的升高，两系统的电流呈震荡增加的趋势。相反，两系统的电流在高的负偏压下均几乎为零。

为了定量地衡量电流的不对称性，我们引入了物理量——整流率，其定义式为

$$RR(V) = |I(V)/I(-V)|。 \qquad (4-2)$$

由定义可知，若 $RR(V) = 1$，表示系统没有整流作用，且 $RR(V)$ 越大表示系统的整流效果越好。图 4.14（b）给出了系统 S1 和 S2 的整流率随偏压的变化曲线。可以看到，中心掺杂系统 S1 在 $[1.6\,V, 4.0\,V]$ 较大偏压范围内，能一直保持高于 10^6 的整流率，甚至在有些偏压下整流率能高达 10^7，甚至在 2.9 V 时，整流率最高可达到 2.93×10^7。边缘掺杂系统 S2 的整流率震荡相对较大，虽然在 1.6 V 时可高达 2.31×10^7，但在偏压高于 1.7 V 后，其整流率都比系

统 S1 低。也就是说，虽然两系统都表现出明显的整流行为，但中心掺杂系统 S1 具有比边缘掺杂系统 S2 更好的二极管特性。

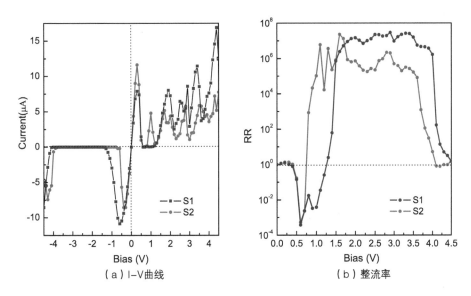

（a）I-V曲线 　　　　　（b）整流率

图 4.14　两个系统的 I-V 曲线和整流率

为了进一步研究 NDR 和整流效应的来源，图 4.15 给出了两系统左右电极的输运谱、能带结构及零偏压下费米面处的局域态密度（Local Density of State，LDOS）分布。与未掺杂的 9-ABNNRs 的能带结构相比，两系统掺杂的左右电极在费米面处都分别出现了一条半满的杂质带。同时左右电极能带分别下移和上移，显示出典型的 n 型和 p 型掺杂特性。通过对比能带结构和输运谱可以发现，在左右电极的能带相互匹配的能量范围，会有相应的输运谱出现，反之则输运系数为零。这是因为如果左右电极能带匹配则电子可以在系统内传导，因此会产生非零输运谱。在图 4.15 中，左（右）电极的价带（导带）远离费米面导致价带（导带）和杂质带之间产生了一个很大的带隙。因此，在费米面上下很大的能量范围，左右电极能带不能互相匹配。而在费米面附近，两电极的杂质带匹配得非常好，所以从输运谱上可以看到两系统在费米面附近均出现了孤立的输运峰。不同的是，由于系统 S2 边缘掺杂的杂质带明显比系统 S1 中心掺杂的杂质带局域，导致系统 S2 费米面附近的输运峰比系统 S1 窄。另外，从 LDOS 图上可以看到，不管对于中心掺杂系统 S1 还是边缘掺杂系统 S2，LDOS 都主要分布在掺杂的 C 原子上，这意味着 C 原子的掺入为电子提供了很好的输运通道。

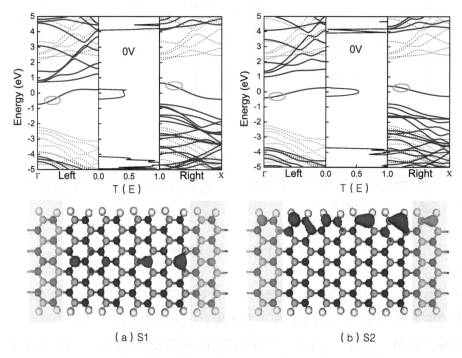

（a）S1   （b）S2

图 4.15　系统 S1 和 S2 零偏压下的输运谱和左右电极的能带结构及零偏压下费米面处的 LDOS 分布（虚线表示未掺杂 9-ABNNRs；实线表示掺杂 9-ABNNRs；椭圆表示掺杂 C 的能带）

图 4.16 给出了系统在 4 个偏压下的输运谱和对应的左右电极的能带结构。可以看到，当系统加正向偏压时，左电极能带下移，右电极能带上移，导致两电极杂质带匹配度极大降低。所以当正偏压为 0.3 V 时，两系统费米面附近的输运峰比不加偏压时更局域了。同时，当偏压从 0 逐渐升高时，输运系数逐渐增大，偏压窗口（−V/2 ~ V/2）也逐渐变宽，导致偏压窗口内输

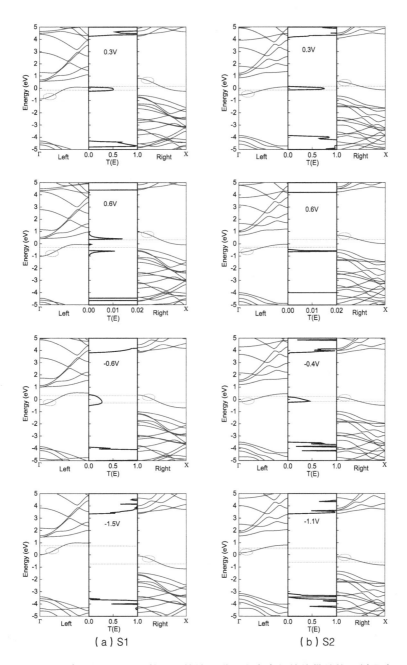

（a）S1　　　　　　　　（b）S2

图 4.16　系统 S1 和 S2 不同偏压下的输运谱及左右电极的能带结构（椭圆表示掺杂 C 原子的能带）

运谱的积分面积增大。根据 Landauer-Büttiker 公式（式 3 – 25）可知，系统电流的大小取决于输运系数在偏压窗内积分面积的大小。因此，电流会随着正偏压的增大而增大。当两系统的偏压分别加到 0.3 V 时，电流达到了最大值。如果偏压继续增大会导致杂质带的匹配度迅速减小，从而引起电流的快速减小。这样，第一个正偏压下的 NDR 峰出现了。偏压继续增大，电流会持续减小。对于系统 S1，偏压加到 0.6 V 时，由于左右电极能带的上下移动，杂质带只有很少一部分重叠，导致费米面附近的输运峰变得很小，而左（右）电极的杂质带和右（左）电极的价带（导带）交叠产生的输运峰即将但还没有进入偏压窗，因此电流处于一个极小值。对于系统 S2，偏压为 0.6 V 时，电流也处于极小值。不同的是，此时它的左右电极的相对较窄的杂质带已经不再匹配，贡献的输运峰消失，而且也没有其他的输运峰进入偏压窗。这就导致在此偏压下系统 S2 的电流几乎为零，解释了在低正偏压下为什么系统 S2 的 PVR（约 10^5）明显比系统 S1（约 10^3）要大得多。

加负偏压时，两电极的能带移动方向与加正偏压时相反。系统 S1 和系统 S2 分别加 – 0.6 V 和 – 0.4 V 的偏压时，由于较宽的偏压窗和杂质带较高的匹配度，导致此时两系统分别处于电流的峰值。而当负偏压继续增大时，两电极的杂质带匹配度降低使得电流迅速减小。从图 4.16 可看到，当系统 S1 和系统 S2 分别加 – 1.5 V 和 – 1.1 V 的偏压时，由于此时杂质带不再匹配，而又没有其他的能带交叠，因此偏压窗内没有输运谱，此时电流接近零。正是这个原因导致两系统负偏压下的 NDR 的 PVR 能高达 10^7。

从上面的分析可知，低的正负偏压下都可观察到明显的 NDR。然而，如果将正负偏压继续增大，电流情况会完全不同。正偏压继续升高时，由于左右电极能带继续分别向下和向上移动，分别由左（右）电极的杂质带和右（左）电极的价带（导带），以及左电极的导带和右电极的价带交叠产生的输运峰，会陆续进入偏压窗口，电流保持了震荡的增加趋势。然而，当继续增大负偏压时，因为左右电极能带费米面以下和以上分别存在一个大的能隙，所以，左右电极能带的持续上移和下移不会导致新的输运峰进入偏压窗。因此，在很大的负偏压范围内，电流都能保持近乎零值。这正是系统能在比较大的高偏压范围内保持巨整流率的原因。直到当系统 S1 和系统 S2 的负偏压分别超过 –4.1 V 和 –3.9 V 时，左（右）电极的杂质带和右（左）电极的导带（价带）开始发生交叠，由此产生的输运谱进入偏压窗，负偏压下的电流开始增大，因此整流率下降。

为了进一步分析系统的整流行为，图 4.17 和图 4.18 分别画出了在 –2.9 V 和 2.9 V 偏压下系统 S1 的输运谱、分子投影自洽哈密顿（Molecular Projected Self-consistent Hamiltonian，MPSH）本征值，以及进入偏压窗口的 MPSH 本征值对应的本征态的等位面（此偏压下整流率最高）。因为系统 S1 和系统 S2 具有相似的整流行为，为了简洁起见，此处只分析了系统 S1 的情况。图 4.17 显示，在 –2.9 V 偏压下，只有两个 MPSH 本征值，即最高占据分子轨道（Highest Oc-cupied Molecular Orbital，HOMO）和最低未占据分子轨道（Lowest Unoccupied Molecular Orbital，LUMO）进入了偏压窗。HOMO 对应的 MPSH 本征态局域在右

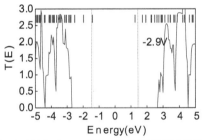

（a）系统S1在–2.9 V偏压下的输运谱和MPSH本征值

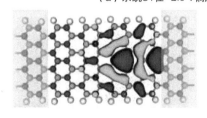

（b）系统S1在–2.9 V偏压下进入偏压窗内的
MPSH本征值对应的本征态的等位面
HOMO: –1.41 eV

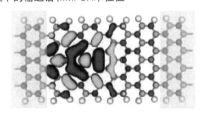

（c）系统S1在–2.9 V偏压下进入偏压窗内的
MPSH本征值对应的本征态的等位面
LUMO:1.26 eV

图4.17　输运谱、MPSH 本征值和本征态（–2.9 V）

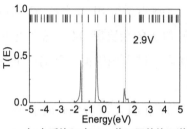

（a）系统S1在2.9 V偏压下的输运谱
和MPSH本征值

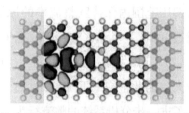

（b）系统S1在2.9 V偏压下进入偏压窗内的
MPSH本征值对应的本征态的等位面
HOMO-2: −1.05 eV

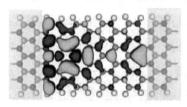

（c）系统S1在2.9 V偏压下进入偏压窗内的
MPSH本征值对应的本征态的等位面
HOMO-1: −0.59 eV

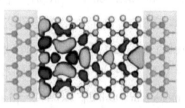

（d）系统S1在2.9 V偏压下进入偏压窗内的
MPSH本征值对应的本征态的等位面
HOMO: −0.43 eV

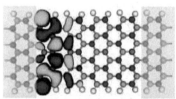

（e）系统S1在2.9 V偏压下进入偏压窗内的
MPSH本征值对应的本征态的等位面
LUMO:0.14 eV

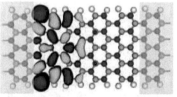

（f）系统S1在2.9 V偏压下进入偏压窗内的
MPSH本征值对应的本征态的等位面
LUMO+1:0.72 eV

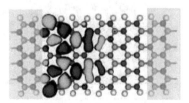

（g）系统S1在2.9 V偏压下进入偏压窗内的
MPSH本征值对应的本征态的等位面
LUMO+2:1.01 eV

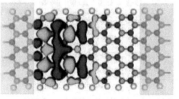

（h）系统S1在2.9 V偏压下进入偏压窗内的
MPSH本征值对应的本征态的等位面
LUMO+3:1.07 eV

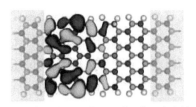
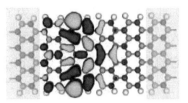

（i）系统S1在2.9 V偏压下进入偏压窗内的
MPSH本征值对应的本征态的等位面
LUMO+4:1.15 eV

（j）系统S1在2.9 V偏压下进入偏压窗内的
MPSH本征值对应的本征态的等位面
LUMO+5:1.45 eV

图4.18　输运谱、MPSH 本征值和本征态（2.9 V）

边散射区，LUMO 对应的 MPSH 本征态局域在左边散射区，这说明这两个轨道对输运都没有贡献。因此在此偏压下的输运为零。

此外，对比图 4.14 中两个系统的 I-V 曲线和整流率可以发现，系统 S2 的电流峰总是比相应的系统 S1 要低（0.3 V 处的峰除外），而且系统 S2 高偏压下的整流率低于系统 S1。我们可以从两系统电极的能带结构中找到原因。观察图 4.15 和图 4.16 可发现，与系统 S1 相比，系统 S2 的两电极相对窄的杂质带导致其相对局域的输运峰，偏压窗内的输运谱的积分面积相对较小，因此电流峰值会较小。然而我们还注意到在 0.3 V 偏压处，情况恰恰相反，这是因为系统 S1 的左电极杂质带的顶部被明显抑制，导致此偏压下系统 S1 电流较小。

从图 4.18 可看到，在 2.9 V 偏压下，共有 9 个 MPSH 本征值进入了偏压窗口，分别是 HOMO － 2、HOMO － 1、HOMO、LUMO、LUMO + 1、LUMO + 2、LUMO + 3、LUMO + 4、LUMO + 5。其中 3 个能级（HOMO － 2、HOMO － 1 和 HOMO）对应的本征态空间分布到了整个散射区，因此对输运有贡献。对应于此偏压下的输运谱，偏压窗内存在很高的输运峰。而其他的 6 个能级 LUMO、LUMO + 1、LUMO + 2、LUMO + 3、LUMO + 4、LUMO + 5 对应的本征态则相对局域，对输运的贡献几乎为零。这和我们之前能带的分析结果是一致的。

在以上的研究中，我们在一个氮化硼周期单元中掺入一个 C 原子。而对于实验上来说，低浓度的掺杂更容易实现，那么对于低浓度掺杂系统还能不能保持如此优异的高整流率呢？为了研究这个问题，我们每两个氮化硼重复单元掺入一个 C 原子，构建了如图 4.19（a）所示的低掺杂浓度系统 S3，并计算了它的 I-V 曲线 ［图 4.19（b）］。可以看到此系统在很大的偏压范围内仍然保持了巨整流率。因此，我们可以推测此优异的整流效应可以转移到更低掺杂浓度的系统，更有利于实验上成功实现基于此类掺杂氮化硼纳米带 p-n 结的巨整流器件。

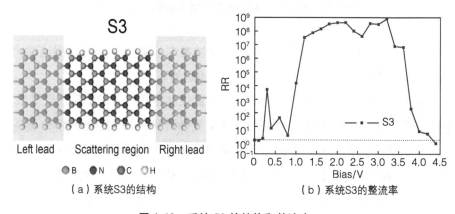

（a）系统S3的结构　　　　　　　（b）系统S3的整流率

图 4.19　系统 S3 的结构和整流率

另外，我们注意到 Zheng 等[183]通过 C 掺杂的方法构建了基于 AGNRs 的 p-n 结，并对其输运性质进行了研究（图 4.20）。他们发现基于不同掺杂 AGNRs 宽度的 p-n 结都具有明显的整流效应，但是其整流率的正负有所不同。当 AGNRs 的宽度 N_a 为 $3n$ 或 $3n+2$ 时（n 为正整数），系统表现出正的整流行为，而当其宽度 N_a 为 $3n+1$ 时，系统表现出负的整流行为。

为什么结构相似的系统表现出的整流行为会不一样呢？他们的解释如下：偏压的加入能够改变系统的电子结构，又因为 AGNRs 的带隙对带宽 N_a 呈现出周期为 3 的震荡特性，因此对具有较大带隙组（N_a 为 $3n+1$）和较小带隙组（N_a 为 $3n$ 或 $3n+2$）的系统，加偏压对其 MPSH 和 PDOS 的影响不同。比如，当分别对基于 11 - AGNRs 和 10 - AGNRs 的 p-n 结加 - 1.0 V 的偏压时，前者的 PDOS 变得相对尖锐，因此电流较小，而后者的 PDOS 则相对较宽，因此电

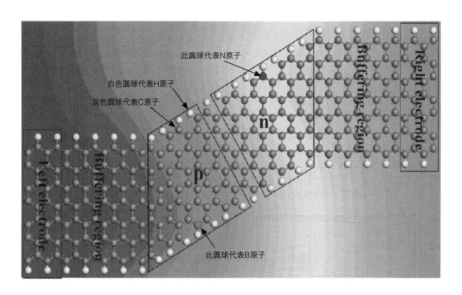

图 4.20　基于 10 - AGNRs 的 p-n 结结构示意[183]

流较大。所以，属于较大带隙组的 p-n 结系统呈现正的整流率，相反，属于较小带隙组的系统呈现负的整流率。

与 AGNRs 类似，ANNRs 的带隙对带宽 N_a 也呈现出周期为 3 的震荡特性[93, 101]，同样 $N_a = 3n + 1$ 时纳米带的带隙较大，$N_a = 3n$ 或 $3n + 2$ 时带隙较小。那么我们构建的基于 ABNNRs 的 p-n 结的整流行为是否也会随着宽度的改变而发生变化呢？因此，接下来我们研究了基于不同宽度的 ABNNRs 的 p-n 结的输运性质。基于 8 (7) 个宽度的中心和边缘掺杂的 p-n 结分别记作 8 - S1 和 8 - S2 （7 - S1 和 7 - S2）。图 4.21 给出了计算得到的 I-V 曲线、整流率和零偏压下的输运谱及左右电极的能带结构。与基于 9 - ABNNRs 的系统 S1 和 S2 的输运结果相比，发现如下类似的输运性质：①电流变化趋势相似，在正负偏压下都发现了 NDR 现象，且低偏压下的 NDR 的 PVR 较大。②边缘掺杂系统 8 - S2 和 7 - S2 的 NDR 比对应的中心掺杂系统 8 - S1 和 7 - S1 好。这也同样归因于电极的杂质带不同：从图 4.21 （c）和图 4.21 （f）看到，边缘掺杂的电极杂质带更窄。③整流行为类似，同样在高偏压下具有

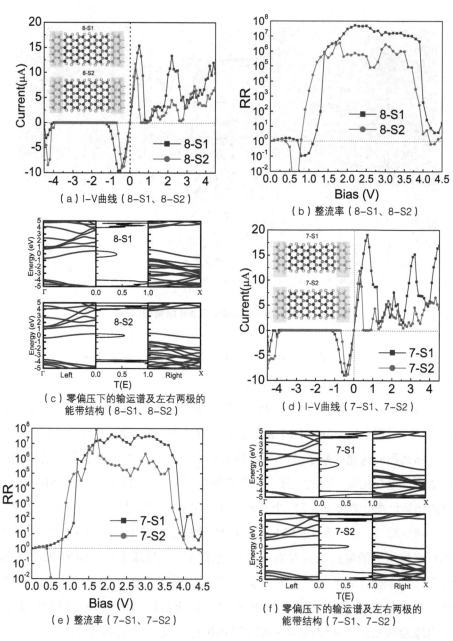

（a）I-V曲线（8-S1、8-S2）

（b）整流率（8-S1、8-S2）

（c）零偏压下的输运谱及左右两极的
能带结构（8-S1、8-S2）

（d）I-V曲线（7-S1、7-S2）

（e）整流率（7-S1、7-S2）

（f）零偏压下的输运谱及左右两极的
能带结构（7-S1、7-S2）

图4.21　系统8−S1、8−S2和7−S1、7−S2的输运结果［（a）和（d）中的插图
分别是系统8−S1、8−S2及7−S1、7−S2的结构示意］

巨整流率，并且中心掺杂系统比边缘掺杂系统的整流率高。也就是说，不同于前面提到的基于 AGNRs 的 p-n 结，对于我们构建的基于 ABNNRs 的 p-n 结，其输运性质尤其是整流率的正负不会随着 p-n 结宽度的改变而发生定性的变化。

4.5 本章小结

在本章，我们利用非平衡态格林函数结合密度泛函理论的方法研究了碳掺杂的 ABNNRs 的输运性质。

首先，我们计算了碳替代氮的 ABNNRs 的输运性质。通过对比两种掺杂模型后发现，边缘掺杂模型在较低的偏压下就具有 NDR，且其 PVR 可高达 10^4，因此边缘掺杂模型更适用于制作 NDR 器件。另外，通过调控碳原子的掺杂浓度，边缘掺杂模型在毫伏偏压甚至有望在低于毫伏偏压下就可实现 NDR，而且 PVR 可以达到 10^5。另外，我们还预测碳替代硼原子的 ABNNRs 系统也能够出现毫伏偏压下的 NDR 现象。因此，我们期待着实验上能够实现基于碳掺杂氮化硼纳米带的低偏压的 NDR 器件。

其次，我们研究了碳掺杂的基于 ABNNRs 的 p-n 结的输运性质。根据 C 掺杂位置的不同，我们分别设计了 C 掺杂在中心位置和边缘位置的两种器件 S1 和 S2。结果显示：①两种 p-n 结在正负低偏压下都表现出很好的 NDR，负偏压下的 PVR 高达 10^7，正偏压下边缘掺杂器件的 PVR 相对较高，能达到 10^5；②两种器件在高偏压下都具有优异的整流效应，但中心掺杂器件的整流率明显比边缘掺杂器件高，在很大的偏压范围能保持高于 10^6 的巨整流率；③当改变 p-n 结的宽度时，NDR 和整流效应不会受到定性的影响。一系列的研究表明，我们设计的这种基于 ABNNRs 的 p-n 结具有优异的 NDR 和巨整流效应，因此预测其在纳米电子技术中将会有巨大的潜在应用价值。

5

二维表面及界面电子结构和半金属性质

5.1 钙钛矿相 BaCrO₃（001）表面电子结构及半金属性研究

近年来，ABO₃型的钙钛矿相过渡金属氧化物材料引起了人们的广泛兴趣。它呈现出许多有趣的物理性质，如高温超导性、GMR 效应和催化效应等，通常被用作电容器、电荷存储器、催化剂等[184-188]。在这些器件中，它常常以薄膜的形式存在，而材料表面的稳定性和物理性质通常会随着周围的气相发生变化，因此有必要详细研究这类材料的表面特性。

早在 1995 年，Kimura 等[189]就首次提出了用第一性原理研究 ABO₃钙钛矿材料的表面性质。到目前为止，第一性原理在预测材料的表面和界面性质等方面的作用已经得到了广泛验证。比如，科学家们在研究 BaTiO₃、CaTiO₃、SrTiO₃、BaMnO₃等典型钙钛矿材料的表面性质时，利用第一性原理计算得到了与实验结果符合得非常好的表面性质[190-192]。研究者们在铬类钙钛矿材料中同样发现了丰富的磁电性质。然而，铬类钙钛矿材料的表面研究却鲜有报道，到目前为止只有立方相 PbCrO₃表面的第一性原理研究付诸报道[193]。2009年，Zhu 等[194]从理论上提出钙钛矿相的 BaCrO₃铁磁态具有半金属性质，那么能否设计基于立方相 BaCrO₃的自旋电子学器件？要回答这个问题，就要研究其块材的半金属性质能否在被制成薄膜后继续保持。实际上，由于尺寸效应，被制成薄膜后，很多材料的半金属性会消失[195-197]。因此，研究半金属材料的表面性质非常重要。

通常"表面"是指固体与真空之间的分界面，即固体表层一个或数个原子层的区域。表面粒子（分子或原子）所处环境和内部粒子不同[198-200]，其相邻粒子的缺失会导致悬挂键的存在，或者由于受力不均而处于高能态。因此，表面结构的变化会导致表面的物理和化学性质也发生不同于固体内部的显著变化，甚至会呈现出一系列特殊的性质。

在理想情况下，将一块晶体用一个平面分成两个半无限大的晶体，表面的原子排列和电子密度不变，这就是理想解离表面，如图5.1（a）所示。实际上，由于表面粒子在真空一侧会产生悬挂键，表面和表面附近的原子会重新排列，直到达到新的平衡位置。常出现的表面结构主要有下列几类。①弛豫，即表面上的原子在垂直于表面的方向上发生原子的重排，这时垂直表面方向上的三维平移对称性被破坏。最简单的情况，如图5.1（b）所示，表面原子面向外弛豫（也可能收缩），它与第二层原子面的间距大于（也可能小于）晶体内相应的晶面间距。弛豫不仅存在于表面一层，还会延续几层原子，但偏离会随着层数向体内的加深越来越小。弛豫过程主要发生在垂直表面方向，保留了平行于表面的原子排列的对称性，因此又叫纵向弛豫。低能电子衍射（LOW-energy Electron Diffraction，LEED）的实验数据显示，这种弛豫通常会发生在一些金属的清洁表面。②重构，即表面上的原子在垂直于和平行于表面的两个方向上发生原子的重排，如图5.1（c）所示。这种表面结构通常发生在许多半导体（如Si和Ge）和少数金属表面，主要是由价键在表面处的畸变（如退杂化等）引起的。③迭层，即有外来原子进入了表面而出现了体内不存在的表面结构。来自周围环境（如接触物）的污染等外来原子可以吸附到晶体表面层，也可以进入表面，与表面原子发生键合形成表面合金或化合物。对于与真空接触的表面，外来原子主要为吸附气体，如氧、氮等。

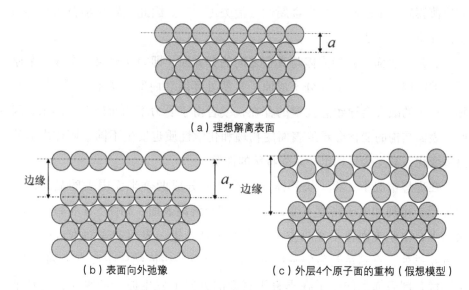

（a）理想解离表面

边缘

a_r　边缘

（b）表面向外弛豫　　　　（c）外层4个原子面的重构（假想模型）

图5.1　固体表面原子位置的重新排列

由于表面同周围的环境相互作用，表面结构发生了各种可能的变化。许多重要的、与表面结构密切相关的物理和化学性质，如光的反射和吸收、吸附、光电子发射等，通常会随之发生变化。因此，表面是人们长期以来十分关心的研究领域。材料表面的研究主要针对固体材料表面的微观结构、表面原子（包括分子或离子）、表面电子态（表面电子的空间分布于能量分布）、表面输运等方面。

5.1.1　钙钛矿相 BaCrO₃晶体结构和磁电性质

在研究 $BaCrO_3$表面结构之前，我们需要研究 $BaCrO_3$晶体结构特点。理想的钙钛矿结构空间群是 Pm3m，属立方晶系。钙钛矿相 $BaCrO_3$ 晶体结构如图5.2所示，半径较大的 Ba 离子位于立方晶胞的顶点，而半径较小的 Cr 离子占据体心位置，与处于面心的氧离子组成正八面体结构。

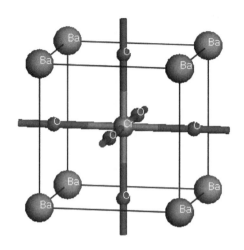

图 5.2   钙钛矿相 BaCrO₃ 晶体结构

我们先采用基于密度泛函理论的第一性原理方法对此结构进行了几何优化，得到理论上的稳定结构（具体计算方法和计算参数设置见下节）。其中，我们分别运用局域密度近似方法处理交换关联势函数得到的晶格常数 a_0 分别为 3.854 Å 和 3.962 Å，前者与文献 [194] 中运用 LDA 近似得到的晶格常数 3.854 Å 非常接近，而后者比该值大 2.8%。然而大量的理论和实验数据显示，在进行结构优化时，LDA 近似通常会低估晶格常数 1% ~ 2%[201-203]，因此可以推断采用 GGA 优化得到的晶格常数 3.962 Å 更接近实际的晶格常数，在随后的计算中我们也一直采用此晶格常数。

接下来我们分别用 GGA 和 GGA + U 的方法计算块材 BaCrO₃ 的电子结构性质，得到的能带结构如图 5.3 所示。运用 GGA 近似方法得到的能带结构中，自旋向上的能带穿过了费米面，而自旋向下的能带价带顶和导带底分别位于 R 点和 Γ 点，具有约 1.55 eV 宽的间接带隙。这说明块材的 BaCrO₃ 具有半金属属性。另外，通过计算得到的块材 BaCrO₃ 的磁矩为整数值 2.0 μ_B。

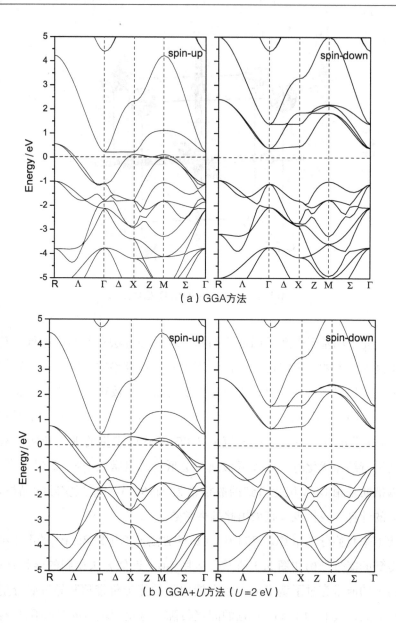

（a）GGA方法

（b）GGA+U方法（U=2 eV）

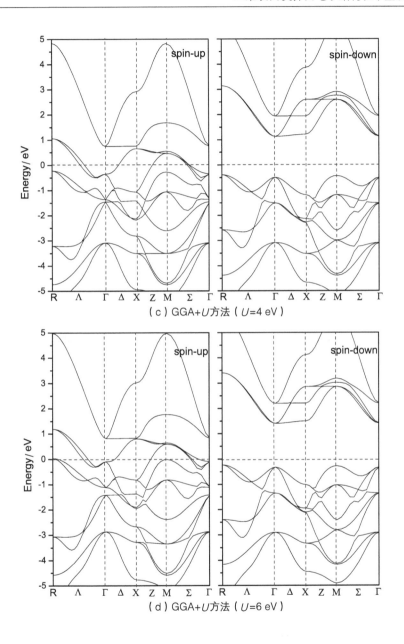

（c）GGA+U方法（U=4 eV）

（d）GGA+U方法（U=6 eV）

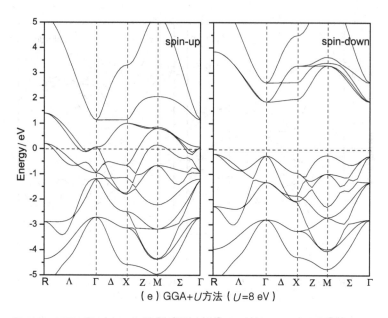

（e）GGA+U方法（U=8 eV）

图5.3　钙钛矿相 BaCrO₃ 能带结构（费米面位于 0 eV 并用横虚线表示）

运用 GGA + U 方法计算能带结构时，通过电子 – 电子相互作用参数 $U_{eff} = U-J$ 将局域的 Cr 的 3d 电子的强关联相互作用考虑进去（U 和 J 分别表示库仑作用和交换积分）。通过参考其他文献中的 U 值和 J 值[193 – 194]，分别选取 U =2.0 eV、4.0 eV、6.0 eV、8.0 eV，J =0.9 eV 进行测试。从图5.3 可以看到，随着 U 值的增大，能带逐渐向高能级处移动，同时带隙增大。U =2.0 eV、4.0 eV、6.0 eV、8.0 eV，J =0.9 eV 时，对应带隙分别为 1.37 eV、1.55 eV、1.63 eV、2.10 eV，其半金属性依然保持。也就是说，块材 BaCrO₃ 的半金属性受 U 值的影响不大。下面运用 GGA + U 方法计算表面性质时，我们选用中间值 U =4.0 eV、J =0.9 eV。

5.1.2　BaCrO₃（001）表面结构模型和计算方法

我们对 BaCrO₃（001）表面的模拟采用周期性薄层几何结构。因为在钙钛矿相 BaCrO₃ 中，BaO 和 CrO₂ 原子层沿［001］方向交替排列，所以其

（001）表面模型有两类。对这两种表面模型我们都选用包含 3 个 $BaCrO_3$ 晶格厚度、共 7 层的原子薄层。如图 5.4 所示，第一类为 BaO 层终止的表面，记为（001）– BaO，薄层包含 4 个 BaO 层和 3 个 CrO_2 层；第二类为 CrO_2 层终止的表面，记为（001）– CrO_2，薄层包含 4 个 CrO_2 层和 3 个 BaO 层。在周期性结构中，取厚度为 12 Å 的真空层以避免相邻薄层顶部和底部的相互作用。

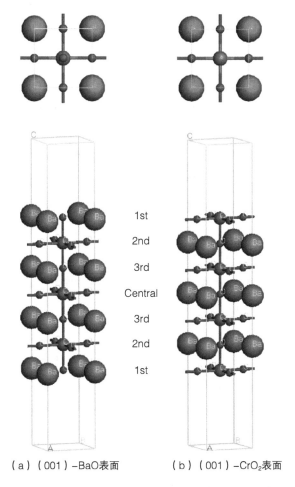

（a）（001）–BaO表面　　（b）（001）–CrO_2表面

图 5.4　$BaCrO_3$（001）表面模型俯视和侧视示意

对钙钛矿相 $BaCrO_3$ 块材和表面结构电子性质的研究采用奥地利维也纳技术大学量子理论计算研究小组开发的 WIEN 程序包[159~160]。该程序包采用 FPLAPW + 局域轨道方法，是晶体电子结构计算中最精确的方法之一。对于密度泛函，可以选用局域密度近似或广义梯度近似。WIEN 功能强大，可以理论预测固体的键能、态密度、电子密度、自旋密度，以及总能量、分子动力学超精细场自旋极化（铁磁和反铁磁结构）、X 射线发射和吸收谱、电子能量损失谱和光学性质等。

本书中建模和结构的优化则采用美国 Accelrys 公司开发的材料模拟软件 Materials Studio。Materials Studio 是一个模块化的环境，包含 CASTEP、$DMol^3$、DPD、VAMP、Equilibria 等十多个计算模块。每种模块提供不同的结构确定、性质预测或模拟方法。我们比较常用的有两个模块，分别是 CASTEP 和 $DMol^3$。CASTEP[204]是基于第一性原理的平面波赝势软件，它最先由英国剑桥大学凝聚态理论小组开发。CASTEP 基于密度泛函理论可以计算很大一类材料固体、界面和表面的性质。它可以利用原子数目和种类来计算包括晶格参数、分子对称性、结构性质、能带结构、固态密度、电荷密度和波函数、光学性质等。而 $DMol^3$ 是独特的基于密度泛函理论的量子力学软件。该软件可以计算气相、溶液、表面和固体系统。由于它独特的静电学近似，$DMol^3$ 一直是最快的分子密度泛函计算方法之一。

首先我们使用 CASTEP 对钙钛矿相 $BaCrO_3$ 块材和表面结构进行优化。CASTEP 在优化中采用平面波赝势方法，优化过程中原子的位置和晶胞参数能够根据原子的受力情况自动调整，直到所有原子受力为零，系统总能量达到最低值。几何优化的参数选取如下：采用 GGA 交换关联近似，原子受力均方根小于 0.03 eV/Å，平面波截断能为 340 eV，每个原子的能量收敛标准设置为 1.0×10^{-5} eV，Monkhorst-Pack 网格 k 点设置为 $(6, 6, 1)$，采用 Ba 的 $5s^2 5p^6 6s^2$、Cr 的 $3s^2 3p^6 3d^5 4s^1$、O 的 $2s^2 2p^4$ 作为价态电子。在研究块材 $BaCrO_3$ 及其 (001) 表面性质时，我们采用 WIEN 程序包，运用 GGA + U 方法，并将结果和 GGA 方法的结构加以比较。其他计算参数选取如下：Ba、Cr 和 O 的 Muffin-tin 球半径分别设置为 2.50 a.u、1.81 a.u 和 1.61 a.u，截断能参数 R_{mt} K_{max} 取 8.05，相应的截断能为 340 eV，自洽循环的能量收敛精度达到 1.0 × 10^{-3} Ry/分子。

5.1.3 BaCrO₃（001）表面的电子结构和磁性分析

（1）表面结构弛豫

为了模拟 BaCrO₃的（001）表面，我们将中心层的原子固定，对最外面的 3 层原子进行了优化。表 5.1 给出了优化后表面最外 3 层原子相对于理想位置的位移。我们可以看出，对于 BaO 终止的表面：①所有的 Ba 原子都向体内移动，Cr 原子则向表面移动。②最外层的金属原子（Ba）弛豫后位移的绝对值 | δ_z | 最大（2.541% a_0），次表面层和次次表面层金属原子位移依次减小。然而，各层氧原子的位移情况与之相反，位于最外层的氧原子位移的绝对值最小。③除了次次表面层以外，最外表面层和次表面层的金属原子位移都大于氧原子的位移。而对于（001）- CrO₂表面：①各表面层的 Cr 原子都向体内移动，而 Ba 和 O 原子向表面移动。②位于次表面层的金属原子（Ba）和氧原子弛豫后位移的绝对值 | δ_z | 最大（分别为 1.901% a_0 和 2.152% a_0）。③除了次次表面层以外，最外表面层和次表面层的氧原子位移都大于金属原子的位移。

表 5.1　BaCrO₃（001）表面最外 3 层原子相对于理想位置的位移与晶格常数 a_0（3.962 Å）的百分比

层数	以 BaO 终止	δ_z	以 CrO₂ 终止	δ_z
1	Ba	− 2.541	Cr	− 1.899
	O	− 0.289	O	2.021
2	Cr	1.711	Ba	1.901
	O	0.753	O	2.152
3	Ba	− 0.292	Cr	− 1.217
	O	− 1.422	O	0.677

注：正（负）值表示原子向表面（体内）移动。

接下来我们引入了表面褶皱度 S 和层间距离 Δd_{ij} 两个物理量进一步描述表面结构弛豫后的变化。表 5.2 列出了两种表面模型弛豫后的 S 和 Δd_{ij} 值。表面褶皱度 S 定义为最外表面层的氧原子和金属原子的原子位移之差，即 $S = [\delta Z(O) - \delta Z(M)]$ [205]。两种表面模型的 S 值都为正值，表明弛豫后氧原子比金属原子向表面移动得更多，因此更趋向于真空层。这可由 Verwey[206] 提出的褶皱极化模型解释：Verwey 研究发现在弛豫过程中，具有较大极化率的离子将更趋向于表面层[207-208]。从文献[209]中得知，O^{2-} 的极化率（3.88）远大于 Ba^{2+} 的极化率（1.55）和 Cr^{4+} 的极化率（0.34）。根据褶皱极化模型，弛豫后 O^{2-} 应该比 Ba^{2+} 和 Cr^{4+} 更趋向于表面，因此对于两种表面模型 S 都为正值。此外，$(001)-CrO_2$ 的表面 S 值远大于 $(001)-BaO$，表明 CrO_2 终止的表面褶皱更明显，这主要是因为 $(001)-CrO_2$ 表面层的 O 原子和 Cr 原子弛豫位移方向相反。

表 5.2　两种表面模型的表面褶皱度 S 和层间距离的变化 Δd_{ij}

（与晶格常数 a_0 的百分比）

表面类型	S	Δd_{12}	Δd_{23}	Δd_{34}
以 BaO 终止	2.25%	-4.25%	2.00%	-0.29%
以 CrO₂ 终止	3.92%	-3.80%	3.12%	-1.22%

注：$\Delta d_{ij} > 0$ 表示层间距离增大，$\Delta d_{ij} < 0$ 表示层间距离变小。

层间距离 Δd_{ij} 表示第 i 层和第 j 层的金属原子间距弛豫前后的变化。显然，$\Delta d_{ij} > 0$（$\Delta d_{ij} < 0$）表示层间距离增大（收缩）。表 2.2 显示：①对于两种表面，Δd_{ij} 都呈现出（-+-）的震荡，这表明弛豫后第一和第二（第三和第四）表面层间距变小，而第二和第三表面层间距变大；②$(001)-BaO$ 第一和第四层的层间距变化为 $2.54\% a_0$，远大于 $(001)-CrO_2$ 表面的第一和第四层的层间距变化（$1.90\% a_0$）；③对于两种表面，越远离表面，层间距变化越小，即 $|\Delta d_{12}| > |\Delta d_{23}| > |\Delta d_{34}|$；④两种表面模型相比，虽然 $(001)-$ BaO 表面 Δd_{12} 的绝对值较大，但 Δd_{23} 和 Δd_{34} 的绝对值小，表明对于 $(001)-$

BaO 表面，随着层的深入，弛豫对层间距的影响减小得较快。

（2）平均表面能及表面稳定性

为了研究（001）– BaO 和（001）– CrO_2 两种表面结构的相对稳定性，我们计算了表面的巨热力学势 F。它可看作 BaO 和 CrO_2 化学势（分别记作 μ_{BaO} 和 μ_{CrO_2}）的函数[205, 210]。原则上，F 是 Ba、Cr 和 O_2 的化学式的函数，但由于 Ba 和 Cr 容易氧化，F 定义为[192]

$$F(I) = \frac{1}{2}\big[E_{slab}(I) - N_{BaO}(\mu_{BaO} + E_{BaO}) - N_{CrO_2}(\mu_{CrO_2} + E_{CrO_2})\big]。$$

$$(5-1)$$

其中，"I" 表示（001）– BaO 或（001）– CrO_2 表面，E_{slab}、E_{BaO} 和 E_{CrO_2} 分别是弛豫后表面的总能、岩盐矿结构 BaO 和金红石结构 CrO_2 每个分子式的总能。N_{BaO} 和 N_{CrO_2} 表示该表面中含 BaO 或 CrO_2 层的数目。对于（001）– BaO 表面，N_{BaO} 和 N_{CrO_2} 分别为 4 和 3，而对于（001）– CrO_2 表面，N_{BaO} 和 N_{CrO_2} 分别为 3 和 4。当表面体系与块材 $BaCrO_3$ 处于平衡状态时，化学式满足如下条件：

$$E_f = \mu_{BaO} + \mu_{CrO_2} \qquad (5-2)$$

和

$$E_f \leqslant \mu_{BaO}, \mu_{CrO_2} \leqslant 0。 \qquad (5-3)$$

其中，E_f 为岩盐矿结构的 BaO 和金红石结构的 CrO_2 形成单位晶胞的 $BaCrO_3$ 所需的能量，即形成能，可表示为

$$E_f = E_{BaCrO_3} - E_{BaO} - E_{CrO_2}， \qquad (5-4)$$

这里 E_{BaCrO_3} 为块材 $BaCrO_3$ 单位晶胞的总能。通过计算我们得到 $E_f = -0.79$ eV。

图 5.5 给出了 $BaCrO_3$（001）表面巨热力学势 F 随 CrO_2 化学势 μ_{CrO_2} 的变化关系。在整个 CrO_2 化学势允许的范围内，（001）– CrO_2 表面的巨热力学势 F 比（001）– BaO 表面大。这表明对 $BaCrO_3$（001）表面来说，（001）– BaO 表面相对稳定。相似的情况也在立方相 $BaMnO_3$（001）表面被发现[211]，其 BaO 终止的 $BaMnO_3$（001）表面结构要比 MnO_2 终止的表面稳定。

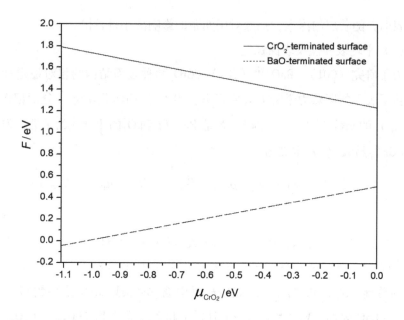

图 5.5　BaCrO₃（001）表面巨热力学势 F 随 CrO₂ 化学势 μ_{CrO_2} 的变化关系

下面我们计算了 BaCrO₃（001）表面的平均表面能 E_{surf}，E_{surf} 的计算公式[188]为

$$E_{surf} = \frac{1}{4}[E_{slab}(BaO) + E_{slab}(CrO_2) - 7E_{BaCrO_3}]。 \qquad (5-5)$$

其中，$E_{slab}(BaO)$ 和 $E_{slab}(CrO_2)$ 分别是（001）–BaO 和（001）–CrO₂ 表面薄片优化后的能量。乘以系数 1/4 是因为两类表面结构共包含 4 个表面，E_{BaCrO_3} 前乘以系数 7 是因为两种表面包含的原子总数与 7 个 BaCrO₃ 晶胞包含的原子数相等。

根据式（5–5）计算得到 BaCrO₃（001）表面的平均表面能 $E_{surf} = 0.76$ eV$/a_0^2$，略高于 PbCrO₃ 的平均表面能（0.62 eV$/a_0^2$）[193]，但远远低于钙钛矿相 XTiO₃（X = Ba，Pb）[205, 212] 和 BaMnO₃ 的平均表面能[190]。这主要是因为和后两者相比，BaCrO₃（001）表面的磁性离子不同，从而对应能级不同。

（3）密里根电荷分析

表 5.3 给出了块材 $BaCrO_3$、（001）– BaO 和（001）– CrO_2 表面各原子的密里根电荷 $Q^{[213]}$，以及与块材中相同原子比较，表面结构中原子的密里根电荷差 ΔQ。从中我们可以发现，Ba、Cr 和 O 的密里根电荷远远小于它们各自的离子电荷（Ba^{2+}、Cr^{4+} 和 O^{2-}）。这主要是因为在计算中我们采用了平面波和虚拟的原子基矢。对于（001）– BaO 和（001）– CrO_2，最外表面层的各原子的 ΔQ 最大。对于（001）– CrO_2 表面，第一表面层的 Cr 原子的密里根电荷为 1.18 e，与相应块材中的密里根电荷值 1.30 e 非常接近，而对于（001）– BaO 表面，由于电子从内部原子转移到了表面的 Ba 上，导致 Ba 失去了近一半的电荷数。这意味着 Ba 比 Cr 具有更强的离子特性，从而其密里根电荷更易变化，因此（001）– BaO 表面结构系统的能量更低[211]。

表 5.3　$BaCrO_3$ 块材和（001）表面的密里根电荷（e）与密里根电荷差 ΔQ（e）

层数	以 BaO 终止			以 CrO_2 终止		
	离子	Q（e）	ΔQ（e）	离子	Q（e）	ΔQ（e）
1	Ba	0.82	− 0.79	Cr	1.18	− 0.12
	O	− 1.11	− 0.14	O	− 0.74	0.23
2	Cr	1.79	0.49	Ba	1.61	0.00
	O	− 0.98	− 0.01	O	− 0.97	0.00
3	Ba	1.66	0.05	Cr	1.31	0.01
	O	− 0.97	0.00	O	− 0.97	0.00
4	Cr	1.45	0.15	Ba	1.58	− 0.03
	O	− 0.96	0.01	O	− 0.99	− 0.02
块材	Ba	1.61	——	Ba	1.61	——
	Cr	1.30	——	Cr	1.30	——
	O	− 0.97	——	O	− 0.97	——

注：ΔQ 为表面结构中原子与块材中相同原子的密里根电荷差值。

（4）表面的能带结构和态密度分析

为了研究 $BaCrO_3$（001）表面的电子结构和磁性质，我们运用 GGA + U

方法计算了两类表面的电子能带结构，如图5.6（a）和图5.6（c）所示。从图5.6（a）我们看到，（001）–BaO 表面的能带结构与体材 ［图5.3（c）］相比，自旋向上的通道仍然穿过费米面，而自旋向下的通道由于导带底在 Γ 附近明显向下移动，导致带隙减小到了 1.06 eV。但（001）–BaO 表面依然保持了体材的半金属性。为了进一步研究表面电子结构和磁性质的起源，我们画出了（001）–BaO 表面结构中的总态密度（Total Density of State，TDOS）和各层原子的 PDOS ［图5.7（a）］。可以看出，O 原子的 2p 态，尤其是位于中心层的 O 的 2p 态对价带顶贡献最大，而导带底主要是由 Cr 的 3d 态贡献的。

而（001）–CrO_2 表面不再保持块材的半金属性，也可以说，仅仅呈现出近半金属性。从能带结构图5.6（c）可以看到，与体材的能带相比，（001）–CrO_2 表面自旋向下通道价带顶向高能级移动，导致在高对称点 R 和 M 处穿过了费米面，从而破坏了块材的半金属性。为了进一步找到（001 – CrO_2）表面不再保持半金属性的原因，我们画出了此表面结构的 TDOS 和各层原子的 PDOS ［图5.7（b）］。发现自旋向下通道最外表面层的 O 的 2p 电子态密度明显向高能级偏移，以至穿过了费米面。也就是说，破坏半金属性的表面态主要是由最外表面层的 O 的 2p 电子导致的。

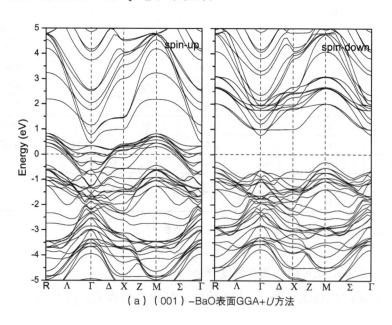

（a）（001）–BaO表面GGA+U方法

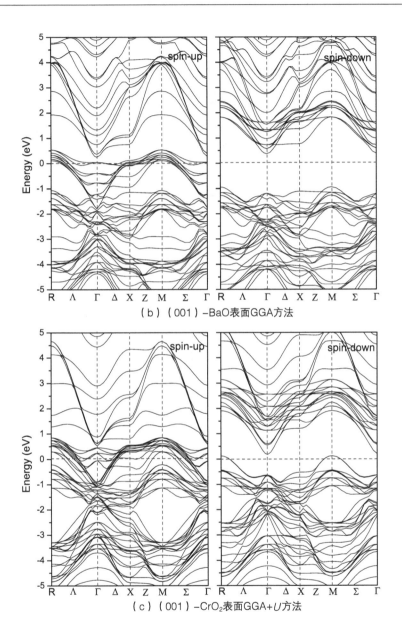

（b）（001）–BaO表面GGA方法

（c）（001）–CrO$_2$表面GGA+U方法

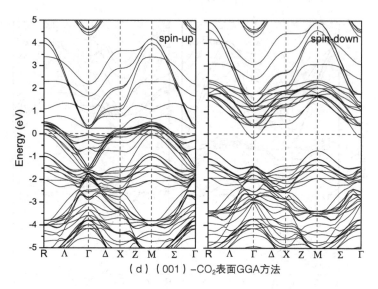

（d）（001）-CO$_2$表面GGA方法

图5.6 不同方法计算得到的表面的能带结构（001）- BaO 表面电子能带结构

图5.6（b）和图5.6（d）给出了两种表面在不考虑强关联相互作用下运用 GGA 近似计算的能带结构。通过比较发现，（001）- BaO 和（001）- CrO$_2$表面依然保持了半金属性或近半金属性。只是对于（001）- CrO$_2$表面，去掉强关联作用后，自旋向下通道能带向低能级移动，导致价带顶在高对称点 R 和 M 不再穿过费米面，取而代之的是，导带底在 R 点附近穿过了费米面。因此（001）- CrO$_2$表面不考虑强关联相互作用时依然呈现近半金属性。

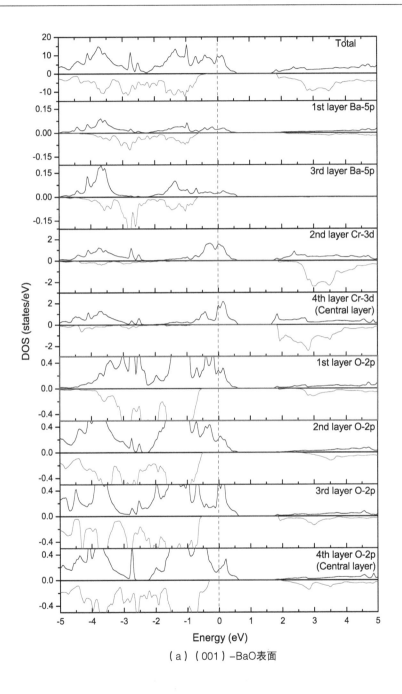

（a）（001）–BaO表面

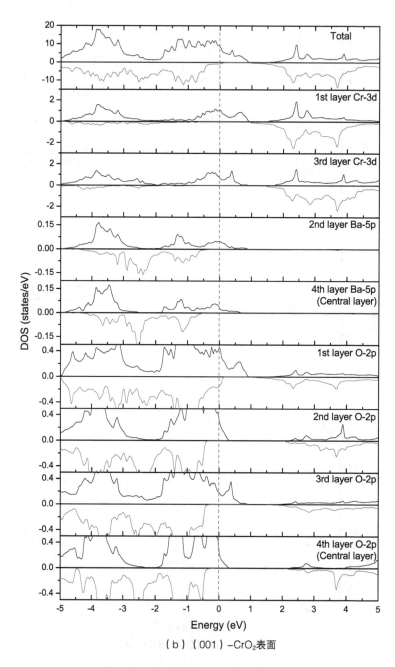

（b）（001）–CrO₂表面

图 5.7　**GGA +** *U* **方法计算得到的 TDOS 和各层原子 PDOS**

5.2 闪锌矿相 MnSb/GaSb 异质结（001）及（111）界面电子结构和半金属属性研究

"界面"（interface）定义为两个或数个凝聚相的交界面，包括晶粒间界和相界[198-200]。在当前的技术资料中主要是指有规则的交界面。从工艺角度区分，界面主要有以下几类：由氧化、腐蚀、粘连等化学作用产生的界面；由真空淀积、化学气相沉积、界面扩散等形成的固态结合界；由液相沉积和凝固共生的界面；熔焊或黏结的界面等[200]。由于界面两边的基体不同，两侧原子（包括界面和内部原子）会发生相互扩散和反应，同时会受到与内部原子不同的作用力，导致不同的能量状态。因此，界面层的分子具有比内部大的自由能，称为界面自由能，简称界面能。另外，晶格失配引起的应力作用还会产生缺陷。所以，对两种基体组成的界面，其性质往往会与基体的性质有很大不同。随着现代器件小型化速度的加快，器件变得越来越薄，各种界面效应就会随之出现。和表面一样，界面的存在也会极大地影响器件的性能，甚至有些器件就是利用界面效应设计制作的。因此，研究界面的影响对器件的制作和改进具有重要的指导意义。

在实际的自旋电子学器件中，如自旋阀和自旋场效应管，半金属材料都是以薄膜的形式存在，然而有些薄膜不能保持块材的半金属性。早在 2003 年，Pask 等[214-216]就理论预言闪锌矿结构的 MnSb 是半金属铁磁体。但由于 MnSb 的基态是 NiAs 相，闪锌矿相只是它的亚稳态，因此实验上很难合成。要想使闪锌矿结构的 MnSb 保持稳定，一个行之有效的方法就是将其生长到合适的半导体衬底上。目前，实验上已经实现了以 InP 和 Si 为衬底的 MnSb 薄膜生长[217-218]。2012 年，Aldous 等[219]利用分子束外延方法首次成功生长出闪锌矿和纤锌矿结构的 MnSb。为了研究将闪锌矿结构 MnSb 制作成实际自旋电子学器件的可能性，本章我们选取半导体 GaSb 作为衬底，研究闪锌矿相 MnSb/GaSb（001）和（111）界面的电子结构和半金属性。

5.2.1 闪锌矿相 MnSb 和 GaSb 的几何结构和性质

闪锌矿结构属立方晶系，空间群为 $F\bar{4}3m$，属于面心立方点阵。图 5.8 给出了闪锌矿相的 MnSb 和 GaSb 晶胞结构。Mn 或 Ga 原子位于立方体的顶角和面心位置，呈立方密堆积，Sb 原子填充在 Mn 或 Ga 构成的四面体的空隙中。

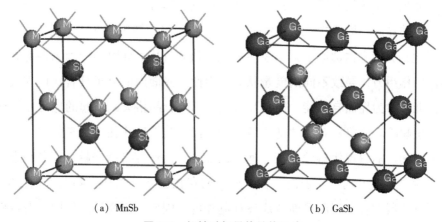

(a) MnSb　　　　　　　　　　　　　　(b) GaSb

图 5.8　闪锌矿相晶体结构示意

在构建界面结构之前，我们分别对闪锌矿结构的 MnSb 和 GaSb 进行了几何优化，包括晶格常数和原子位置优化。得到的 MnSb 和 GaSb 的晶格常数分别为 6.1995 Å 和 6.2189 Å，这两个值与前人的研究结果符合[220-221]。而且，MnSb 和 GaSb 的晶格常数非常接近，失配率仅为 0.3%。尽管如此，在以 GaSb 为衬底外延生长 MnGb 薄膜时，界面处依然存在很小的应力作用。为了考察其对 MnSb 半金属性的影响，我们分别计算了 MnSb 在晶格常数为 6.1995 Å 和 6.2189 Å 时的磁矩和态密度。发现在两个晶格常数下 MnSb 磁矩都为整数 4.00 μ_B。并且从图 5.9 可以看出，当 MnSb 取 GaSb 的晶格常数时，态密度仅向高能级处有细微的移动，对带隙没有明显的影响。也就是说，MnSb 依然保持半金属性。因此，在构建界面时，我们选取 MnSb 和 GaSb 的晶格常数均为 6.2189 Å。

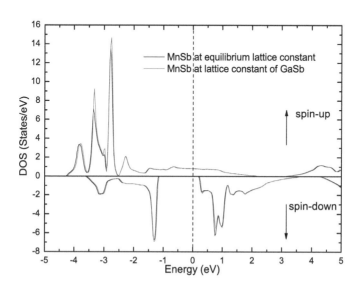

图 5.9　闪锌矿结构 MnSb 的态密度

另外，Aldous 等[219]利用非零温的密度泛函理论预言闪锌矿相 MnSb 即使在室温下也能够克服热自旋震荡并依然保持半金属性。从图 5.10 可以看出其自旋极化率随温度的变化关系，在略高于室温时，闪锌矿结构的 MnSb 仍能保持 100% 的极化率，而典型的半金属材料半霍伊斯勒结构的 NiMnSb 在室温下的极化率降低了近一半。因此，室温下的半金属性使得闪锌矿结构的 MnSb 更有可能被制成具有实际应用价值的自旋电子学器件。

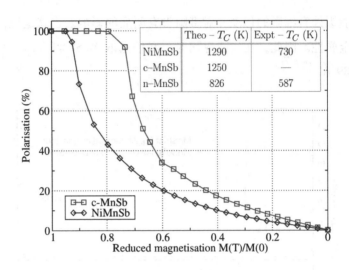

图 5.10 闪锌矿结构 **MnSb** 和半霍伊斯勒结构 **NiMnSb** 的
自旋极化率随温度的变化曲线[219]

5.2.2 闪锌矿相 MnSb/GaSb（001）及（111）界面结构模型和计算参数

为了研究 MnSb/GaSb 界面，我们首先要构建由两种材料表面组成的异质结。对于闪锌矿结构的 MnSb，其（001）和（111）表面各有两种情况，分别是以 Mn 和 Sb 为端面。同样，对于半导体 GaSb，分别是以 Ga 和 Sb 为端面。因此，我们对（001）和（111）表面，各提出了两种可能的界面模型。对每一种界面模型，我们都取了 11 个 MnSb 原子层和 13 个 GaSb 原子层，具体的模型结构如下：

① （001）-Mn-Sb 界面：MnSb（001）表面最外层是 Mn 原子层，GaSb（001）表面最外层是 Sb 原子层，如图 5.11（a）所示。

② （001）-Sb-Ga 界面：MnSb（001）表面最外层是 Sb 原子层，GaSb（001）表面最外层是 Ga 原子层，如图 5.11（b）所示。

③ （111）-Mn-Sb 界面：MnSb（111）表面最外层是 Mn 原子层，GaSb（111）表面最外层是 Sb 原子层，如图 5.11（c）所示。

④（111）-Sb-Ga 界面：MnSb（111）表面最外层是 Sb 原子层，GaSb（111）表面最外层是 Ga 原子层，如图 5.11（d）所示。

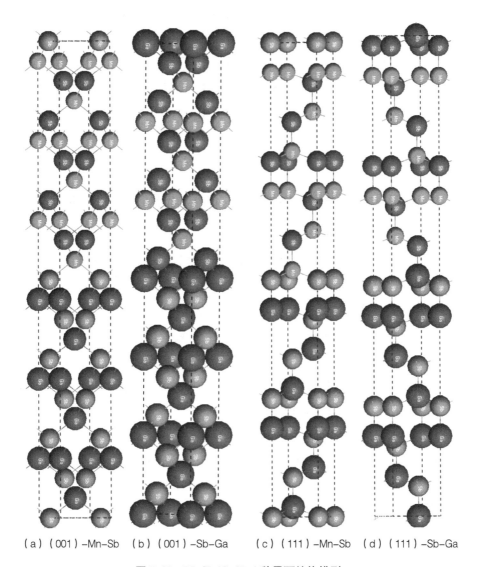

（a）（001）-Mn-Sb　（b）（001）-Sb-Ga　　（c）（111）-Mn-Sb　（d）（111）-Sb-Ga

图 5.11　MnSb/GaSb 4 种界面结构模型

与上一章的计算类似，在计算界面性质之前，我们首先运用基于平面波赝势方法的 CASTEP 软件包对界面及附近的原子进行了结构优化，所用参数如下：运用超软赝势，交换关联泛函采用 GGA-PBE，平面波截断能为 295 eV，原子受力均方根小于 0.03 eV/Å，自洽循环的能量收敛标准设置为 1.0×10^{-5} eV/原子，Monkhorst-Pack 网格 k 点设置为（7，7，1）。在计算电子结构和磁性时采用 WIEN 程序包，计算参数为：采用 GGA-PBE 交换关联泛函，考虑相对论效应，Sb、Ga 和 Mn 原子的 Muffin-tin 球半径分别为 2.4 a.u.、2.3 a.u. 和 2.3 a.u.，截断能参数 $R_{mt}K_{max}$ 取 8.0，在第一布里渊区中选取 100 个 k 点，自洽循环的能量收敛精度达到 1.0×10^{-5} Ry/分子。

5.2.3　闪锌矿相 MnSb/GaSb（001）及（111）界面的电子结构和磁性质

（1）界面优化和界面稳定性

表5.4 给出了优化后界面原子的键长 d_{int} 和块材中相应的原子键长 d_{bulk}。可以看出各界面模型中界面原子的键长 Mn-Sb（Sb-Ga）与块材中相应的原子键长非常接近，这表明了各界面原子之间形成了原子键。

为了研究 MnSb/GaSb 界面结构的稳定性，我们计算了 4 种界面的结合能。界面结合能是把界面分成两个自由状态下的孤立表面时单位面积所做的功。因此，它可以定量地衡量界面黏合的强弱。界面的结合能越大表示这个界面越稳定。根据定义，单位面积的结合能 γ 为

$$\gamma = (E_{MnSb} + E_{GaSb} - E_{MnSb/GaSb})/A。 \qquad (5-6)$$

其中，A 是界面的面积，$E_{MnSb/GaSb}$ 是 MnSb/GaSb（001）或（111）界面系统的总能量，E_{MnSb} 和 E_{GaSb} 分别是孤立的 MnSb 和 GaSb（001）或（111）表面薄片的总能量。

表 5.4　优化后界面原子的键长 d_{int} 和块材中相应的原子键长 d_{bulk} ，
以及各界面的结合能 （γ）

界面	d_{int} /Å	d_{bulk} /Å	γ / （J·m^{-2}）
（001）-Mn-Sb	2.689	2.684（in ZB MnSb）	4.213
（001）-Sb-Ga	2.708	2.693（in ZB GaSb）	3.801
（111）-Mn-Sb	2.688	2.684（in ZB MnSb）	4.498
（111）-Sb-Ga	2.707	2.693（in ZB GaSb）	4.062

由式 （5－6） 可以看出，界面结构的稳定性是由两个表面的表面能，以及由这两个表面组成的界面的能量共同决定的。表 5.4 中列出了计算得到的 4 种界面的结合能。在优化后的 4 种界面模型中，（111）-Mn-Sb 界面具有最大的结合能 （4.498 J m^{-2}） 和最短的界面原子键长 （2.688 Å），因此 （111）-Mn-Sb 界面结构应该是最稳定的。相反，（001）-Sb-Ga 界面结构的结合能最小 （3.801 J m^{-2}），界面原子键长最长 （2.708 Å），所以这一结构最不稳定。同时，（111）-Mn-Sb ［（111）-Sb-Ga］ 界面的结合能大于 （001）-Mn-Sb ［（001）-Sb-Ga］ 界面，这表示在界面原子相同的情况下，MnSb/GaSb （111） 界面比 MnSb/GaSb （001） 界面更稳定。也就是说，实验上应该更容易外延生长出 MnSb （111） 薄膜。而我们的这一理论结果验证了 Aldous 等[219] 的实验结果，他们首次成功外延生长出的闪锌矿结构的 MnSb 正是以 MnSb （111） 薄膜的形式存在的。

（2） 界面的半金属性

下面我们通过计算界面结构的态密度来研究 4 种 MnSb/GaSb 界面是否能保持 MnSb 块材的半金属性。图 5.12 给出了 MnSb/GaSb （001） 和 （111） 界面的 TDOS。图 5.12 （a） 和图 5.12 （b） 显示，（001）-Mn-Sb 和 （001）-Sb-Ga 界面结构中自旋向上的态具有金属性，而自旋向下的态分别有 0.32 eV 和 0.27 eV 的能隙。这表示这两个界面结构保持了块材的半金属性。对 （111）-Mn-Sb 界面 ［图 5.12 （c）］，自旋向下态的能隙略小 （0.12 eV），但半金属性仍然得到了保持。然而对于 （111）-Sb-Ga 界面 ［图 5.12 （d）］，自旋向下的态价带顶穿过了费米面，即这个界面不再保持半金属性，或者说，仅呈现出近半金属性。

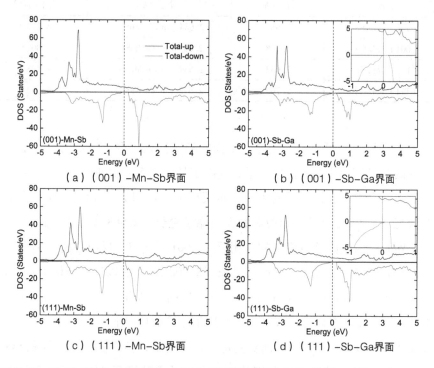

（a）（001）–Mn–Sb界面

（b）（001）–Sb–Ga界面

（c）（111）–Mn–Sb界面

（d）（111）–Sb–Ga界面

图5.12　MnSb/GaSb（001）和（111）界面的TDOS［图5.12（b）和图5.12（d）中的插图是对应态密度在费米面附近的放大图］

为了进一步研究各界面半金属性的来源，图5.13给出了各界面原子的PDOS。为了比较，我们也给出了半金属MnSb和半导体GaSb块材晶格常数均取6.2189 Å时相应原子的态密度（灰色阴影部分）。

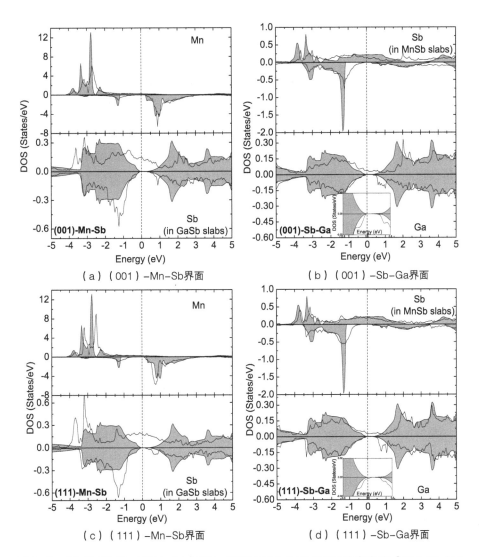

（a）（001）−Mn−Sb界面

（b）（001）−Sb−Ga界面

（c）（111）−Mn−Sb界面

（d）（111）−Sb−Ga界面

图5.13　MnSb/GaSb（001）和（111）界面结构中各界面原子的态密度［图5.13（b）和图5.13（d）中的插图是对应态密度在费米面附近的放大图］

我们发现界面原子态密度和块材中相应原子态密度有很大不同。一方面，来自半金属 MnSb 面的界面原子 Mn 和 Sb 都分别表现出了很好的半金属性。与 MnSb 块材的带隙 1.33 eV 相比，界面原子的带隙有明显减小。（001）-Mn-Sb 和（111）-Mn-Sb 界面中 Mn 原子带隙分别为 0.55 eV 和 0.56 eV，以及（001）-Sb-Ga 和（111）-Sb-Ga 界面带隙分别减小到 0.36 eV 和 0.39 eV。另一方面，虽然块材 GaSb 是没有磁性的，但是界面结构中界面原子 Sb 和 Ga 表现出很强的自旋极化，即 Sb 和 Ga 的自旋向上和向下的态密度有很明显的自旋劈裂。经上文分析得出界面原子间形成了原子键，使得原子间的相互作用较强，这正是界面原子 Sb 和 Ga 存在自旋劈裂的原因。另外，图 5.13（a）至图 5.13（c）显示，对于（001）-Mn-Sb、（001）-Sb-Ga 和（111）-Mn-Sb，来自半导体 GaSb 面的界面原子 Sb 或 Ga 都表现出了 100% 自旋极化的半金属性。而从（111）-Sb-Ga 界面原子的态密度图 5.13（d）来看，费米面穿过了界面原子 Ga 自旋向下态的价带顶，即 Ga 没有表现出半金属性。由此得出，正是界面原子 Ga 不再具有 100% 自旋极化导致（111）-Sb-Ga 界面半金属性的退化。根据式（1-2），计算得到界面原子 Ga 的自旋极化率为 89.5%。

（3）原子磁矩分析

表 5.5 列出了 MnSb/GaSb（001）和（111）的界面原子磁矩及块材中相应的原子磁矩。我们发现，组成界面的 MnSb 和 GaSb 薄片中心层原子的磁矩（用 ∗ 表示）与块材中相应原子的磁矩非常接近，说明我们选择的各表面薄片厚度已经足以研究相应界面性质。我们还注意到，来自半金属 MnSb 面的界面原子 Mn 和 Sb 的原子磁矩小于相应块材中的磁矩。尤其是在（111）-Mn-Sb 界面，Mn 的原子磁矩是 3.785 μ_B，远小于块材中的磁矩 3.904 μ_B，这主要是由自旋向上和向下的态自旋劈裂减小导致的。图 5.13（c）显示：与块材中态密度相比，界面原子 Mn 自旋向上的态向高能级处移动，而自旋向下的态向低能级移动，因此自旋劈裂减小。同时，来自半导体 GaSb 的界面原子 Ga 和 Sb 产生了非零磁矩：（001）-Sb-Ga 和（111）-Sb-Ga 界面中 Ga 的原子磁矩分别是 0.006 μ_B 和 0.010 μ_B，而（001）-Mn-Sb 和（111）-Mn-Sb 界面中 Sb 的原

子磁矩分别是 $-0.064~\mu_B$ 和 $-0.095~\mu_B$。另外，从界面结构（111）-Mn-Sb、（001）-Mn-Sb、（111）-Sb-Ga 到（001）-Sb-Ga，界面原子 Ga 或 Sb 诱发的原子磁矩的绝对值逐渐减小，分别为 $0.095~\mu_B$、$0.064~\mu_B$、$0.010~\mu_B$ 和 $0.006~\mu_B$，这和表 5.5 中界面结合能从大到小的顺序是一致的。也就是说，由于界面原子之间的相互作用会较强，具有较大结合能的界面中的非磁性界面原子会诱发较大的磁矩。

表 5.5 MnSb/GaSb（001）和（111）的界面原子磁矩（μ_B）及
块材中相应的原子磁矩（μ_B）

界面	Mn	Sb（来自 MnSb）	Ga	Sb（来自 GaSb）
（001）-Mn-Sb	3.860	-0.164^*	—	$-0.064, 0^*$
（001）-Sb-Ga	3.909^*	-0.063	$0.006, 0^*$	—
（111）-Mn-Sb	3.785	-0.143^*	—	$-0.095, 0^*$
（111）-Sb-Ga	3.906^*	-0.128	$0.010, 0^*$	—
块材	3.904	-0.172	0	0

注： ＊表示组成各界面的 MnSb 和 GaSb 面中心层原子磁矩。

5.3 本章小结

本章对半金属材料 $BaCrO_3$（001）表面进行了一系列基于密度泛函理论的第一性原理计算。讨论了两种可能的表面模型（001）-BaO 和（001）-CrO_2 的表面稳定性，密里根电荷分布、电子结构和磁性质，预言（001）-BaO 表面具有相对较高的稳定性。同时，只有（001）-BaO 表面保持了块材的半金属性，而（001）-CrO_2 表面仅仅显示出近半金属性。

同时，对闪锌矿相半金属 MnSb 的 MnSb/GaSb（001）和（111）界面结构各提出了两种模型，通过分别计算 4 种界面的结合能讨论了各界面的稳定

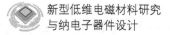
性，预言（111）-Mn-Sb 是最稳定的界面；通过计算各界面的 TDOS 及界面原子的 PDOS，预言 4 个界面模型呈现出半金属或近半金属性；另外，还对其界面原子的磁矩进行了详细分析。这对新自旋电子学器件的设计具有一定的理论指导意义。

6

掺杂黑磷烯纳米带的电子结构和输运性质

　　石墨烯是二维材料家族中杰出的成员之一，它的出现使低维材料引起了人们的广泛关注。当时石墨烯被认为是"新的神奇材料"，主要得益于其独特的电子结构和优异的导电性能。然而，石墨烯的一个主要缺点是它的价带和导带之间不存在带隙，这严重限制了其在电子器件领域的应用。研究人员们也提出了一些缓解这个问题的解决方案，如利用其他原子替代碳原子掺杂、将石墨烯裁剪成不同手性的纳米带结构、施加应力等。不幸的是，当将带隙引入石墨烯时，其超高的导电性能会降低。黑磷烯是继石墨烯之后，在实验上成功实现的一种新型的褶皱状材料。相比于石墨烯和过渡金属硫化物等低维材料，黑磷烯有着明显的优势，如其相当大的直接带隙，可以通过层数、应变和缺陷等进行优化。它还具有相对较高的电荷载流子迁移率（$1000\ cm^2\ V^{-1}s^{-1}$）及电流开关比（10^5）。因此，它的出现成功地弥补了石墨烯在电子器件应用中存在的缺陷。

　　在自旋电子学方面，纳米尺度下的低维材料有着独特的优势，利用它们构建的器件会出现种种新的现象及效应，如分子开关[222-224]、整流效应[225-226]、NDR[222, 227]、自旋滤波[228-230]等。这是由于电子的波动性在微小的器件尺寸下变得越发明显，其输运性质受到量子力学的束缚，不再服从经典的欧姆定律。因而与传统的电子器件相比，自旋电子器件具有高速、低耗、高效、集成度高等优点。下面介绍基于 V 原子替代掺杂 ZPNRs 的电子结构及其自旋输运性质，以及改变边缘钝化的方式对 ZPNRs 的电子和输运性质的调控作用。

6.1 V 掺杂位置对黑磷烯纳米带的电子和输运性质的调控

众所周知，半金属材料在自旋电子学中的应用非常重要，它们是实现单自旋通道的理想材料。近年来，基于 ZPNRs 的理论研究越来越多，关于黑磷烯纳米带的电子及输运性质的研究成为热点之一。单层黑磷是一种直接带隙半导体，其相应纳米带 APNRs 是具有间接带隙的半导体，ZPNRs 为导体。为了调节黑磷烯纳米带的电子特性，拓宽其在自旋电子学中的应用，通常会采用以下几种方法：掺杂[231-232]、分子吸附[233-234]、应变[235-236]、边缘钝化[237-238]等。例如，Yu 等[239]提出了掺杂 3d 过渡金属原子，可将磷烯从半导体转变为半金属，自旋极化现象非常显著。Zhu 等[138]发现磷烯纳米带的电子和磁性能会受到手性和掺杂位置的影响。最近，Sun 等[240]研究结果表明，非金属原子去饱和 ZPNRs 的边缘在其电子性质和输运性质的调控中起着关键作用。在他们的报告中，当用两种不同的原子去钝化 ZPNRs 的边缘时，其中最稳定的结构一边是 O 原子钝化，另一边为 H 原子，它表现出非磁性金属行为。这种可调控的性质使得 ZPNRs 在未来的自旋电子器件中具有潜在的应用优势。

6.1.1 基于 V 掺杂黑磷烯纳米带的电子结构的研究

与石墨烯纳米带不同的是，ZPNRs 是非磁性的[241]。为了克服这一缺点，许多研究人员尝试掺杂过渡金属以获得自旋极化，从而实现自旋输运。在 Hashmi 等[242]的报告中，系统地研究了过渡金属掺杂对磷烯的电子性质的影响，发现在 V 和 Fe 原子掺杂的磷烯中存在半金属性。此外，Zhu 等[138]也报道称，当过渡金属被掺杂到 ZBPNRs 和 ABPNRs 中，它们可以从半导体转变为金属或半金属，这启发了我们利用 V 原子掺杂 ZPNRs 研究其输运特性并设计出性能优异的器件。

　　我们构建的黑磷烯纳米带结构中，ZPNRs 的两边缘分别用氧原子和氢原子饱和。在选择氧和氢原子钝化类型之前，我们还考虑了其他钝化方法，如两个边缘都被 H－、O－、S－或卤族元素（F－、Cl－和 Br－）钝化。我们发现 V 原子掺杂 ZPNRs（V-ZPNRs）的电子特性会受到边缘钝化类型的影响，但两个边缘分别用氧和氢原子钝化的选择对于诱导半金属性是必要的。之后，我们研究了 V 原子掺杂在 ZPNRs 不同位置上（用"A"或"B"表示）的电子结构，并基于此构建了两个电子器件（用"D1"或"D2"表示）。单层磷烯优化之后，得到的晶格常数分别为 $a = 3.29$ Å 和 $b = 4.63$ Å。然后通过裁剪单层黑磷烯获得了其纳米带结构 ZPNRs。根据周期性边界条件，我们在 x 和 y 方向上添加一个 15 Å 的真空层。此外，为了消除切割后边缘的悬挂键以此来提高稳定性，我们将 ZPNRs 的两个边缘分别用 O 原子和 H 原子钝化。几何优化后，O 原子和和 H 原子与边缘 P 原子相连键的键长分别约为 1.501 Å 和 1.414 Å。

　　6-ZPNRs 掺杂 V 原子之后和没有掺 V 原子时的原胞，以及其相应的能带结构如图 6.1 所示。这里"6"表示纳米带的宽度。可以观察到原始 6-ZPNRs 的能带结构发生自旋简并，并且表现出金属性。当原胞中一个 P 原子被 V 原子取代时，V 在"A"或"B"位置掺杂，费米能级附近的自旋向上和自旋向下通道之间都存在明显的自旋分裂。我们计算了两种不同掺杂位置情况下磁场的分布，其自旋差分密度如图 6.2（b）和图 6.2（d）所示。自旋差分密度的分布表明，其密度差主要分布在杂质 V 原子上。

（a）原始6-ZPNRs结构

（b）V"A"位掺杂的6-ZPNRs

（c）V"B"位掺杂的6-ZPNRs

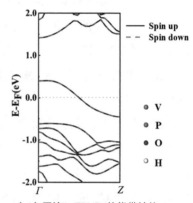

（d）原始6-ZPNRs的能带结构

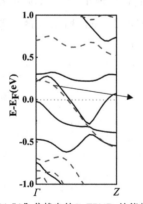

（e）V"A"位掺杂的6-ZPNRs的能带结构

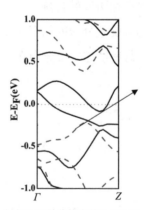

（f）V"B"位掺杂的6-ZPNRs的能带结构

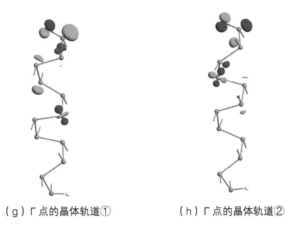

（g）Γ点的晶体轨道①　　　（h）Γ点的晶体轨道②

图6.1　纳米带结构和能带结构（横虚线表示费米能级）

此外，通过分析如图6.1（e）中的能带结构，我们发现当V原子掺杂在"A"位置时（可表示为V-"A"-ZPNRs），自旋向上和自旋向下的能带都跨越费米能级，显示出金属性。而V-"B"-ZPNRs则表现出明显的半金属性〔图6.1（f）〕。也就是说，自旋向上的通道显示金属性，而自旋向下的通道保持半导体性（带隙约为0.891 eV）。图6.2（a）和图6.2（c）显示了掺V的ZPNRs的TDOS和PDOS。无论在"A"或"B"位置掺杂的V原子，费米能级自旋向上态分别来源于V-d、P-p和O-p轨道。当V原子被掺杂在"A"位置时，费米能级上自旋向下的态依次由P-p、O-p和V-d轨道产生。当掺杂位置由"A"变为"B"时，这些态密度就变得局域化。此外，上述轨道在费米能级附近具有相似的峰和特征，这意味着它们在强晶体场下存在杂化。图6.1（g）和图6.1（h）显示了自旋向下的能带结构在Γ点的晶体轨道，结果表明当V原子掺杂在"A"位置时，杂化分裂能级由V-d轨道中的d_{z^2}和O-p轨道提供。而对于V原子掺杂在"B"位置的情况，导带由V原子分裂轨道V-d轨道中的d_{yz}、O-p和P-p轨道构成。由于晶体场的存在，d_{yz}的分裂能级低于d_{z^2}，导致自旋向下能带的下降。因此，它大大削弱了电导率，导致自旋向下通道表现出半导体性。同时，V的价电子构型是$3d^3 4s^2$，孤立的V原子有3个自旋平行的未配对3d电子，自旋矩为$3\mu_B$。对于V原子掺杂ZPNRs的情

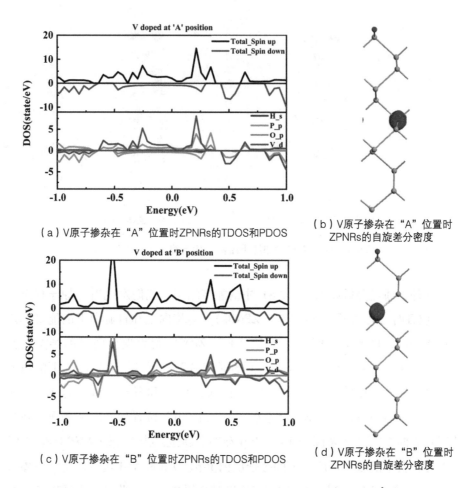

（a）V原子掺杂在"A"位置时ZPNRs的TDOS和PDOS

（b）V原子掺杂在"A"位置时ZPNRs的自旋差分密度

（c）V原子掺杂在"B"位置时ZPNRs的TDOS和PDOS

（d）V原子掺杂在"B"位置时ZPNRs的自旋差分密度

图 6.2　TDOS、PDOS 和自旋差分密度（其中等值面为 0.35 Å^{-3}）

况，V 原子会失去电子，而离其最近的磷原子得到电子，得到或失去电子的大小随掺杂位置的不同而不同。V 掺杂在"A"和"B"分别失去 3 和 4 个电子，计算的自旋磁矩分别为 2 μ_B 和 1 μ_B。V 原子自旋磁矩的变化导致掺 V 后 ZPNRs 的电子结构发生改变。

6.1.2　掺杂位置对黑磷烯纳米带自旋输运性质的调控

接着我们研究了 V-ZPNRs 的输运特性，所构建的器件如图 6.3（a）和

图 6.3（b）所示，由两个半无限电极和一个中心散射区域组成。用一个 V 原子代替 6-ZPNRs 中一个 P 原子作为左右电极，将 ZPNRs 最小单元沿输运 z 方向扩胞 6 倍作为中心散射区，将 V 掺杂在"A"和"B"位置的 ZPNRs 构建成的器件分别标记为 D1 或 D2。考虑自旋极化，将初始左右电极的设置为自旋平行（PC，左和右电极的自旋取向相同）和反平行（APC，左电极自旋取向为上，右电极为下）。

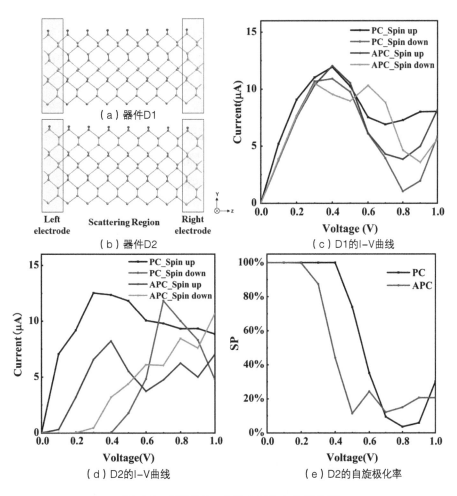

图 6.3　器件结构、I-V 曲线和自旋极化率

计算得到的 I-V 曲线如图 6.3（c）和图 6.3（d）所示。对于 D1 这个器件，无论是 PC 还是 APC，自旋向上和自旋向下的电流都呈现出相似的趋势。当偏压从 0 V 增加到 0.4 V 时，PC 和 APC 的自旋向上的电流及 PC 的自旋向下的电流迅速增加。当偏压进一步增大时，电流急剧减小，直至偏压电压为 0.8 V，并表现出明显的 NDR，这说明该器件在放大器、逻辑运算等方面具有广阔的应用前景。不同之处在于 APC 的自旋向下的电流表现出轻微的振动。而对于 D2 器件，在 0 V 到 0.4 V 的偏压范围内，PC 中自旋向下的电流几乎被抑制，而在低偏压下，自旋向上的电流比自旋向下的电流大 6 个数量级左右，这说明了该器件具备完美的自旋过滤效果。之后，自旋向上的电流逐渐下降，自旋向下的电流急剧上升，在 0.7 V 处达到峰值，然后迅速下降，直到偏压为 1.0 V，表现出明显的 NDR 在 APC 中，自旋向上的电流在低偏压 [0，0.4 V] 下，远大于自旋向下的电流，并表现出明显的自旋滤波效应。在 0.4 ~ 0.6 V 的偏压范围内，自旋向上的电流呈下降趋势，出现 NDR。为了精确得到器件的自旋滤波效应，我们计算了器件的 SP，如图 6.3（e）所示。在非零偏压下，SP 为

$$\mathrm{SP} = |\ (I_{\mathrm{up}} - I_{\mathrm{dn}})\ /\ (I_{\mathrm{up}} + I_{\mathrm{dn}})\ | \times 100\% 。 \qquad (6-1)$$

在零偏压下，自旋极化率 SP 为

$$\mathrm{SP} = |\ (T_{\mathrm{up}} - T_{\mathrm{dn}})\ /\ (T_{\mathrm{up}} + T_{\mathrm{dn}})\ | \times 100\% 。 \qquad (6-2)$$

在 PC 情况下低偏压范围 [0，0.4 V] 及 APC 情况下偏压范围 [0，0.2 V]，它们的 SP 几乎达到 100%。这些结果表明，在低偏压的范围内，D2 在 PC 和 APC 态下均表现出良好的自旋滤波效果，可以用来制作自旋滤波器件。

此外，为了进一步探究上述自旋滤波效应和 NDR 的物理机制，我们在图 6.4 中绘制了某些偏压下 D1 和 D2 在 PC 和 APC 情况下的自旋输运谱。竖虚线表示偏压窗范围（V_{L}，V_{R}）。由 Landauer-Büttiker 公式，即式（3-27）可知，输运谱在偏压窗内的积分面积对应着它们的电流值。从本质上讲，输运谱的变化是由两个电极之间的电荷转移引起的，因此只有处于偏压窗口内的输运谱才对输运有贡献。如图 6.4（a）和图 6.4（b）所示，D1 在 PC 和

APC 态下的输运谱随偏压改变有相似的变化趋势，在此以 PC 的情况为例来分析 NDR。可以看出，在 0 ~ 0.4 V，自旋向上和自旋向下偏压窗内的输运谱积分面积都随着偏压窗的增大而增大，导致自旋向上和自旋向下的电流都急剧增大。在 0.4 ~ 0.8 V，偏压窗口继续扩大，但输运谱的积分面积不断缩小，因此自旋向上和自旋向下的电流均呈下降趋势，表现出 NDR。

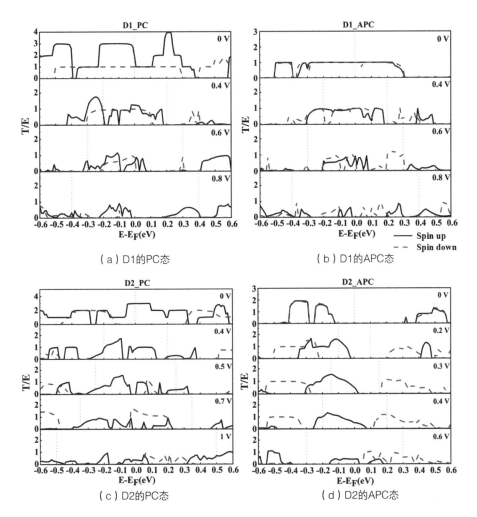

（a）D1的PC态 　　　　　　　　　（b）D1的APC态

（c）D2的PC态 　　　　　　　　　（d）D2的APC态

图6.4　器件 D1 和 D2 在 PC 和 APC 态下，随偏压变化的自旋输运谱 T（E）（竖虚线表示偏压窗口）

接下来我们将注意力转向 D2 的输运谱［图 6.4（c）、图 6.4（d）］。在 PC 态下，费米能级附近自旋向上和自旋向下的输运谱有明显不同。自旋向上在零偏压时保持较大的输运系数，而自旋向下在零偏压下几乎为零。当偏压增加到 0.4 V 时，自旋向下输运系数仍然为零，这意味着在偏压窗口内没有传输通道，电流值几乎为零。而随着偏压窗口的增大，自旋向上输运谱的积分面积增大，导致自旋上向电流显著增大，有利于高 SP 的产生。当偏压进一步增大到 0.5 V 时，自旋向下的输运系数不再为零，出现明显的输运峰，产生自旋向下的电流，降低了 SP。随着输运谱积分面积的减小，自旋向下电流在 0.7 V 时达到峰值，然后一直减小到 1.0 V。同时，当偏压从 0.3 V 增大到 1.0 V 时，自旋向上的输运谱的积分面积越来越小，导致自旋向上输运电流减小。这就解释了 NDR 现象出现的原因。在 APC 中，无论自旋向上还是自旋向下输运谱都为零。当偏压电压增加到 0.2 V 时，自旋向上输运峰进入偏压窗内，自旋向下输运谱仍保持为零，导致自旋上升电流较大，SP 较高。当偏压为 0.3 V 时，自旋向上的输运峰进入偏压窗，自旋下降电流开始增大。相应地，SP 急剧下降。在 0.4 ~ 0.6 V 的偏压范围内也出现 NDR 效应，自旋向上的输运谱有减小的趋势。

由以上分析可知，在低偏压范围内，在 PC 和 APC 情况下，D2 的自旋向上电流均大于自旋向下电流，说明存在明显的自旋滤波效应。为了深入分析低偏压下的自旋滤波效应，我们在图 6.5 中绘制了 D2 的 PC 和 APC 中 MPSH 本征值随偏压变化图。只有位于偏压窗口的能级才能对输运有贡献。在 PC 中，自旋向上的本征值在偏压窗口内明显大于自旋向下的本征值［图 6.5（a）和图 6.5（b）］。以 0.3 V 的典型偏压为例进行分析，因为自旋电流的峰值出现在该偏压下。图 6.5（a）显示在 0.3 V 的偏压窗口内有 7 个自旋向上的 MPSH 本征值：HOMO－2、HOMO－1、HOMO、LUMO、LUMO＋1、LUMO＋2 和 LUMO＋3。鉴于它在每个能级上对电子输运的贡献并不完全相等，我们绘制了相应 MPSH 本征态的空间分布，如表 6.1 所示。在偏压窗内所有的态都扩散到整个散射区域，反映出强电子可以从一个电极传输到另一个电极。

同时，在 0.2 V 偏压下，没有自旋向下能级进入偏压窗口。直到偏压达到 0.3 V，自旋向下的 HOMO 才会进入偏压窗内。但是，图 6.5 显示，对应的态几乎局域在散射区域的右侧。局域化会减弱散射区域与电极之间的耦合，说明自旋向下的输运很小，自旋向下的电流几乎为零。因此，发生了几乎 100% 的自旋极化。除此之外，偏压的增加会给偏压窗带来新的能级。例如，在 0.5 V 偏压下，表 6.2 给出了 3 个自旋向下 MPSH 本征值对应本征态的分布情况：HOMO、LUMO 和 LUMO + 1，它们都进入了偏压窗口。可以看出，本征态 LUMO 和 LUMO + 1 沿传输方向变得局域化，导致自旋向下电流增大，自旋极化减小。

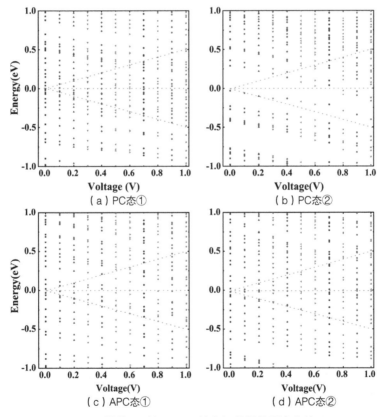

（a）PC态①   （b）PC态②

（c）APC态①   （d）APC态②

图 6.5　器件 D2 的 MPSH 的本征值随偏压变化情况

表 6.1 D2 在 PC 下的 MPSH 本征态

Spin up			
0.3 V, HOMO−2	0.3 V, HOMO−1	0.3 V, HOMO	0.3 V, LUMO

0.3 V, LUMO+1	0.3 V, LUMO+2	0.3 V, LUMO+3

Spin down			
0.3 V, HOMO	0.5 V, HOMO	0.5 V, LUMO	0.5 V, LUMO+1

注：等值面为 0.06 a.u. 。

从 MPSH 本征值的角度也可以很好地说明 APC 的输运性质。以偏压 0.2 V 为例。从图 6.5（c）和图 6.5（d）可以看出，有 3 个自旋向上的 MPSH 本征值（HOMO、LUMO 和 LUMO +1）和 3 个自旋向下的 MPSH 本征值（HOMO，LUMO 和 LUMO +1）进入偏压窗口。相应 MPSH 本征态的空间分布绘制在表 6.2 中。可以看出，所有自旋向上本征态的空间分布扩展到整个散射区域，产生了强自旋上电子输运。因此，产生了较大的自旋向上电流。而对于 3 种自旋向下 MPSH 态，它们都有相似的空间分布：这些态都局域在散射区域的右侧。这意味着自旋向下的电子通过纳米带的输运受到严重限制，自旋向下电流受到抑制。因此，在低偏压范围内，D2 在 APC 情况下具有最佳的自旋滤波效果。

表 6.2　**D2 在 APC 下的 MPSH 本征态**

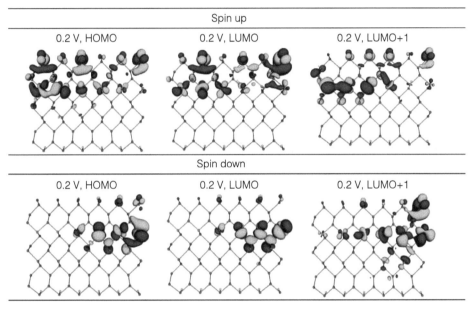

注：等值面为 0.06 a.u.。

此外，我们还研究了其他掺杂位置对电子和输运性质的影响，如图 6.6 所示。对于 ZPNRs，只有 V－"1"掺杂的 ZPNRs 表现出非磁性金属特征。PC 还是 APC 在零偏压时的输运谱是相似的。当 V 原子掺杂在位置"2"时，黑磷烯纳米带表现为磁性半导体。因此，无论在 PC 还是 APC 中，它们的输运谱在零偏压时都有一个很宽的零输运间隙。当掺杂位置逐渐远离 O 原子饱和的边缘，分别位于"4"和"6"位置时，黑磷烯纳米带表现出磁性金属的特征，即自旋向上和自旋向下均跨越费米能级。这再次证明 V 原子位置的不同对 ZPNRs 的电子、磁性和输运性质有重要的影响。

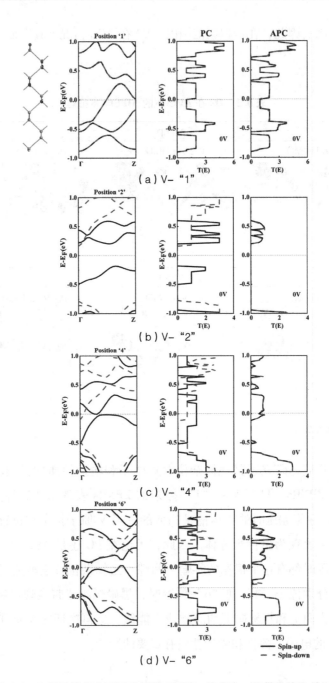

图 6.6　V 原子掺杂在不同位置的 ZPNRs 的单胞、能带结构和输运谱

最后，考虑到纳米带的边缘效应会影响上述半金属行为，我们计算了沿纳米带宽度方向锯齿型 C 链分别为 8、10、14、18 和 28 个时，不同宽度下 V-"B"-ZPNRs 的磁矩。发现它们的总磁矩主要由 V 原子、边缘钝化的 O 原子及其相邻原子贡献，总磁矩分别为 $1.00\ \mu_B$、$0.19\ \mu_B$、$0.22\ \mu_B$、$0.20\ \mu_B$ 和 $0.02\ \mu_B$。结果表明，随着纳米带宽度的增大，磁性仍然存在，并逐渐减弱。但是结合它们的能带结构，当黑磷烯纳米带的宽度增加到 10 个锯齿型碳链，半金属性就消失了。我们预测导致半金属性出现的原因之一可能是边缘效应。

6.2　边缘钝化对 V 掺杂黑磷烯纳米带电子和输运性质的调控

到目前为止，已有一些科研人员就边缘钝化方式对 ZPNRs 电子结构的影响进行了研究，如 Sun 等[240] 使用非金属原子对 ZPNRs 的边缘进行钝化，他们发现边缘钝化过后的 ZPNRs 结构更加稳定，同时，还对 ZPNRs 的电子结构起着关键的调节作用。但不同钝化方法对其输运性能的影响仍需进一步研究。本节基于密度泛函理论研究了不同的边缘钝化方式对 V-ZPNRs 电子和输运性质的影响。我们比较了未掺杂和掺杂 V 原子的 ZPNRs 的电子性质，结果表明，V-ZPNRs 自旋向上和自旋向下的能带在费米能级附近发生了自旋分裂，因而 V 原子掺杂到 ZPNRs 之后使 ZPNRs 出现了磁性。此外，我们将不同非金属原子钝化的 V-ZPNRs 构建成自旋电子器件，获得了高自旋极化和良好的 NDR。这些发现表明 ZPNRs 在制备多功能自旋电子器件中具有研究价值。

6.2.1　模型构建

图 6.7（a）绘制了不同边缘钝化的 V-ZPNRs 构建成的电子器件。阴影区域为左右电极，宽度为 6 的 ZPNRs（标记为 6ZPNRs，6 表示沿纳米带宽度方向锯齿型 C 链的个数）。中心散射区域由电极扩胞 6 倍构成。纳米带两边缘的原子分别代表 H、卤素（F、Cl）、O 和 S。器件的侧视图如图 6.7（b）所示。

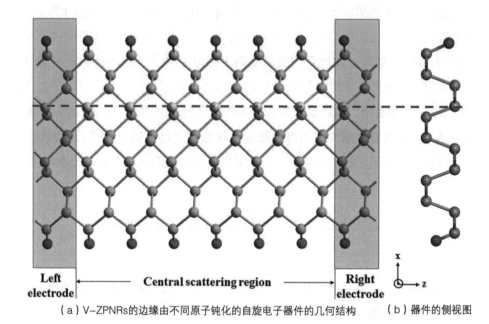

（a）V–ZPNRs的边缘由不同原子钝化的自旋电子器件的几何结构　　（b）器件的侧视图

**图 6.7　虚线上原子为掺杂的 V 原子（两个边缘的黑球分别代表
H、F、Cl、O 或 S 原子）**

6.2.2　不同非金属原子钝化的 V 掺杂黑磷烯纳米带的电子结构

　　首先，我们计算了 ZPNRs 的能带结构和 TDOS，如图 6.8 所示。原始的
ZPNRs 自旋向上和自旋向下的能带之间没有明显的自旋劈裂。同时，两个自
旋通道的能带均穿过费米能级，这表明原始 ZPNRs 是非磁性金属。这些结果
与其他人的研究一致。与原始 ZPNRs 的情况相比，V 原子掺杂的 ZPNRs 能带
发生了自旋分裂，并且 TDOS 的两个自旋通道是不对称的，这表明 V 原子的
掺杂使 ZPNRs 显示出了磁性。为了详细分析为什么 V 原子掺杂的 ZPNRs
（V-ZPNR）具有磁性而原始 ZPNRs 没有磁性，我们给出了它们的自旋差分密
度，分别如图 6.8（c）和图 6.8（f）所示。很明显，原始 ZPNRs 中没有自旋
差分密度分布，而钒掺杂 ZPNRs 的自旋差分密度集中在 V 原子上，这表明 V
原子能够在掺杂体系中诱导交换相互作用并导致磁性的产生。

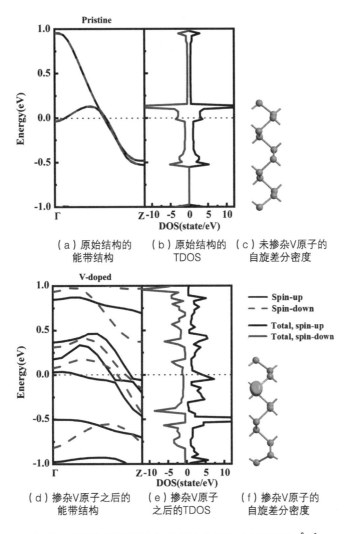

（a）原始结构的　　（b）原始结构的　　（c）未掺杂V原子的
　　　能带结构　　　　　　TDOS　　　　　　自旋差分密度

（d）掺杂V原子之后的　（e）掺杂V原子　　（f）掺杂V原子的
　　　能带结构　　　　　之后的TDOS　　　　自旋差分密度

图 6.8　能带结构 TDOS 和自旋差分密度（等势面为 Å^{-3}）

　　基于以上结果，我们将重点研究 V-ZPNR。结构稳定性对于实验合成和实际应用具有重要意义。因此，我们研究了非金属原子 H、O、S、F 和 Cl 钝化 V-ZPNR 后（分别用 V-ZPNR$_H$、V-ZPNR$_O$、V-ZPNR$_S$、V-ZPNR$_F$ 和 V-ZPNR$_{Cl}$ 标记）的稳定性，计算了它们的形成能 E_{form}，公式为（$E_{form} = E_{total} - E_{V-ZPNR} - 2E_X$），$E_{total}$ 为非金属原子钝化后 V-ZPNR 的总能量，E_{V-ZPNR} 为 V-ZPNR 的总能

量，E_X 为孤立原子 X（H、O、S、F 和 Cl）的能量，所有单位均为 eV。结果表明，V-ZPNR$_H$、V-ZPNR$_O$、V-ZPNR$_S$、V-ZPNR$_F$ 和 V-ZPNR$_{Cl}$ 结构的形成能分别为 −7.87 eV、−14.86 eV、−9.22 eV、−13.18 eV 和 −6.34 eV。形成能为负值说明该结构是通过放热过程形成的。形成能越低，结构越稳定。因此可以得出结论，所有结构都是稳定的，说明这些纳米带结构是可以在实验室中制备出来的。

如图 6.9 所示，我们给出了非金属原子钝化后的 V-ZPNRs 的电子结构，包括能带结构、TDOS 和 PDOS。为了说明不同边缘钝化方式对电子性质的影响，我们使用 PDOS 来反映边缘原子及用于钝化边缘的原子对 TDOS 的贡献。V-ZPNR 边缘的磷原子上的态密度在费米能级附近呈现出明显的峰，这意味着 V-ZPNR 的金属特性主要来源于边缘态。为了清晰直观地展示出边缘态对电子性质的影响，图 6.9（a）计算了 Bloch 态。κ 点为自旋向上的子带与费米能级交界点。Bloch 态不仅局域在 V 原子上，还局域在纳米带边缘的磷原子上。这意味着纳米带的金属性质与边缘态有关。

从图 6.9（b）至图 6.9（f）可以看出，使用非金属原子钝化黑磷烯纳米带的边缘可以有效地调节 V-ZPNR 的电子性质。与裸露的 V-ZPNR 一样，V-ZPNR$_O$ 和 V-ZPNR$_S$ 都表现出磁性金属性。从它们的 PDOS 可以看出，金属性主要来源于纳米带结构边缘磷原子和用于边缘钝化的原子。从它们的 Bloch 态来看，这一特征就表现得更为明显，Bloch 态不仅局域于 V 原子上，而且还局域在钝化边缘的原子上。此外，边缘磷原子和钝化边缘的原子的 PDOS 在费米能级附近具有相似的峰值，这意味着它们之间存在很强的杂化。另外，与 V-ZPNR$_O$ 相比，V-ZPNR$_S$ 通过费米能级的子带更多，预测 V-ZPNR$_S$ 的电导率将比 V-ZPNR$_O$ 强得多。如图 6.9（d）至图 6.9（f）所示，被 H、F 或 Cl 原子钝化的 V-ZPNRs 表现出磁性半导体性质，它们的带隙分别为 0.135 eV、0.057 eV 和 0.035 eV。从它们的 PDOS 可以看出钝化边缘的原子（H、F 和 Cl）对导带最小值（CBM）和价带最大值（VBM）的贡献很小。而从它们的 Bloch 态中，我们发现边缘原子几乎不存在波函数分布，这与 V-ZPNR$_O$ 和 V-ZPNR$_S$ 不同。

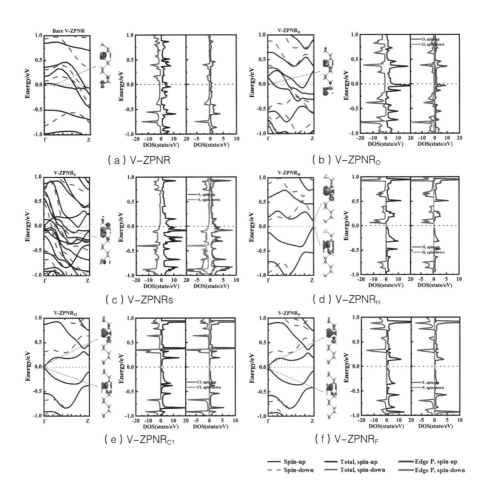

（a）V–ZPNR　　　　　　　　　　（b）V–ZPNR$_O$

（c）V–ZPNRs　　　　　　　　　　（d）V–ZPNR$_H$

（e）V–ZPNR$_{C1}$　　　　　　　　　（f）V–ZPNR$_F$

—— Spin-up　　—— Total, spin-up　　—— Edge P, spin-up
- - - Spin-down　　—— Total, spin-down　　—— Edge P, spin-down

图 6.9　能带结构、TDOS、PDOS 和对应于电子态的 Bloch 态（等值面为 0.1 Å）

因此，边缘钝化可以有效调节 V-ZPNRs 的电子性质，可以使 V-ZPNRs 从磁性金属转变为磁性半导体。

6.2.3　边缘钝化方式对 V 掺杂黑磷烯纳米带输运性质的影响

接着，我们研究了边缘钝化的 V-ZPNRs 的输运性质。图 6.10 绘制了 PC 态（左右电极保持相同的自旋方向）和 APC 态（左右电极保持不同的自旋方向）

的 I-V 曲线变化图。为了能与钝化边缘之后的结果产生对比，图 6.10（a）和
图 6.10（b）中给出了裸露 V-ZPNRs 的 I-V 变化图。在 PC 和 APC 中，自旋向上
和自旋向下电流具有相似的变化趋势。无论是正偏压还是负偏压，电流值都
随着电压的增加而增加，在高偏压范围内有轻微的振动。为了清晰地看出
V-ZPNRs 的电流值是否大于 V-ZPNRo 的电流值，我们将它们的 I-V 曲线绘制在
一起进行比较，如图 6.10（c）和图 6.10（d）所示。在 PC 态下，V-ZPNRs
的电流值是 V-ZPNRo 的 3 倍，而在 APC 态下，电流值存在 4 倍的关系，这意
味着改变钝化边缘的方法可以调整电流值的大小。接着，为了量化器件的自
旋过滤效应，我们计算了它们的 SP，其均低于 40%。但从图 6.10（e）至
图 6.10（j）中我们发现，当两个边缘用非金属原子钝化后，它们的极化率明
显提高了，高达 100%，产生了有效的自旋滤波效应。

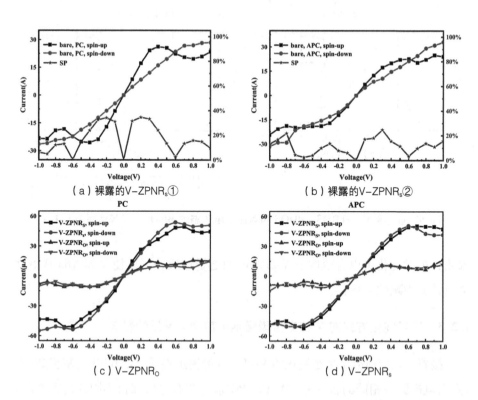

（a）裸露的 V-ZPNRs①   （b）裸露的 V-ZPNRs②

（c）V-ZPNRo   （d）V-ZPNRs

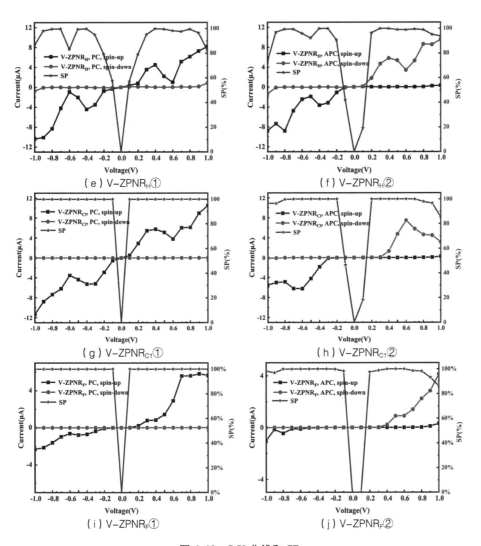

（e）V-ZPNR$_H$①　　　　　（f）V-ZPNR$_H$②

（g）V-ZPNR$_{C1}$①　　　　　（h）V-ZPNR$_{C1}$②

（i）V-ZPNR$_F$①　　　　　（j）V-ZPNR$_F$②

图 6.10　I-V 曲线和 SP

图 6.10（e）至图 6.10（j）分别表示 V-ZPNR$_H$、V-ZPNR$_{C1}$ 和 V-ZPNR$_F$ 构建成的器件在 PC 和 APC 态下的 I-V 变化曲线。计算结果显示了几个重要的特性：

①它们在 PC 和 APC 态中都表现出明显的自旋滤波效应。不同之处在于，PC 态下，在计算的偏压范围内，自旋向上的电流明显大于自旋向下的电流。

而在 APC 态下，在负偏压范围内，自旋向上的电流具有较大的值，自旋向下的电流值几乎为零。当偏压为正值时，情况则相反。在图 6.10（e）和图 6.10（g）中，它们的电流电压变化趋势相似，因此以 PC 态下的 V-ZPNR$_{Cl}$ 的 I-V 变化图为例，显示其自旋向下电流在整个偏压范围内完全被抑制，电流值几乎为零。而自旋向上的电流情况则相反。因此，在 PC 态下，SP 在 0.1 V 到 1.0 V 的偏压范围内高达 100%。在 APC 态下，它们的自旋极化在高偏压下也可以达到 100%。

②器件表现出明显的 NDR。图 6.10（h）显示偏压值从 0.6 V 变化到 1 V 时，随着电压值的增加，自旋向下的电流值在减小。

③对于 APC 态下的 V-ZPNR$_H$ 和 V-ZPNR$_{Cl}$ 的电流电压曲线变化情况，自旋向上和自旋向下电流存在双向滤波效应，也就是说，可以通过简单地改变电压方向得到纯自旋电流。施加正向偏压时，自旋向上电流为零并处于"关闭"状态，而自旋向下电流处于"开启"状态。相反，在负偏压下，自旋向上的电流是导电的，而自旋向下的电流是被抑制的。因此，此类自旋电子器件可充当双自旋滤波器或双自旋二极管。

④当两边缘被 Cl 或 F 原子钝化时，在 APC 态下，自旋向上的通道在低偏压下无法获得较大的电流，其阈值电压为 0.3 V。这种使用偏压控制自旋电流的行为可以应用于自旋场效应晶体管的设计中。

为了进一步验证自旋电子器件中电流电压曲线变化的物理机制，我们给出了基于 V-ZPNR$_0$、V-ZPNR$_S$ 和 V-ZPNR$_{Cl}$ 的器件的输运谱随能级和偏置电压变化图。从图 6.11（a）至图 6.11（d）可以看出，对于基于 V-ZPNR$_0$ 和 V-ZPNR$_S$ 的器件，无论是 PC 态还是 APC 态，在零偏压下其费米能级附近的输运系数不为零。当施加偏压后，电流值随着偏压窗口的扩大迅速增加。此外，我们注意到在偏压窗内 V-ZPNR$_S$ 的输运系数远大于 V-ZPNR$_0$，说明 V-ZPNR$_S$ 的电流值远大于 V-ZPNR$_0$。另外，从 V-ZPNR$_S$ 的输运谱可以看出，从 0.6 V 到 1 V 的偏压窗内，自旋向上和自旋向下输运谱的面积在逐渐减小，表现出明显的 NDR 效应。

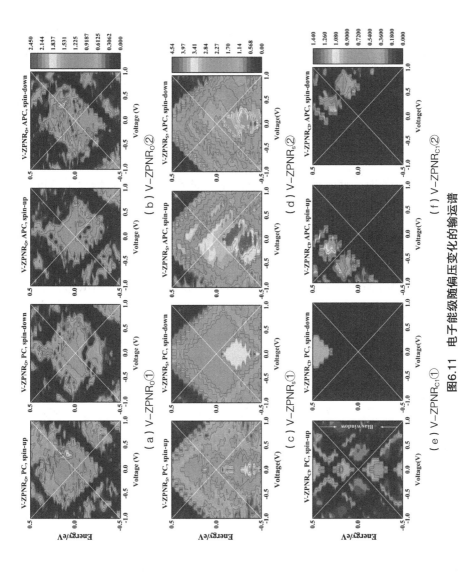

（a）V–ZPNR$_O$① （b）V–ZPNR$_O$②

（c）V–ZPNR$_S$① （d）V–ZPNR$_S$②

（e）V–ZPNR$_{C1}$① （f）V–ZPNR$_{C1}$②

图6.11　电子能级随偏压变化的输运谱

从图 6.11（e）可以看出，PC 态下的 V-ZPNR$_{C1}$ 器件在整个偏压窗内几乎没有自旋向下的输运谱，表明自旋向下电流受到抑制，电流值几乎为零。但随着偏压的增加，越来越多的自旋向上输运系数进入偏压窗内，导致自旋向上的电流值增加。因此，此器件获得了较高 SP。此外，当偏压高于 0.4 V 时，自旋输运谱的值随偏压的增加而降低，并且有一个明显的零输运间隙进入偏压窗，导致自旋向上的电流值减小，NDR 效应出现。然后我们注意到图 6.11（f）中 APC 态下，对于自旋向上的情况，在整个正向偏压下都没有输运谱，导致在正偏压下自旋向上的电流几乎为零。而在负偏压窗内，当施加大于 −0.3 V 的偏压时，此时偏压窗内进入了较大的输运峰值，这解释了当负偏压超过 0.3 V 时，为什么电流值会骤然增大。此外，基于 V-ZPNR$_{C1}$ 的器件，在 APC 态下，自旋向上与自旋向下的输运系数可以通过调节正负偏压来获得。也就是说，此器件可设计成双向自旋滤波器件或双向自旋二极管。

最后，为了解释 V-ZPNR$_{C1}$ 器件中的双向自旋滤波效应和 NDR 效应，我们给出了在费米能级附近的自旋输运系数和 LDOS 相结合的物理图像（图 6.12）。根据 Landauer-Büttiker 公式，即式（3 − 27），偏压窗内的输运系数的积分面积对应着电流值的大小。从图 6.12（a）我们观察到，在 −0.6 V 偏压处，自旋向上输运系数具有明显的输运峰，但自旋向下的输运系数为零，导致自旋向下电流几乎为零。然而，如图 6.12（c）所示，随着偏压变为 −0.8 V，自旋输运系数的积分面积反而减小，伴随着 NDR 效应的发生。从图 6.12（b）可以看出，在 0.6 V 时，自旋向下的电流受到抑制，这与偏压为 −0.6 V 时的情况刚好相反，从而出现了双向自旋滤波效应。如图 6.12（e）至图 6.12（l）中的 LDOS，当偏压为 −0.6 V 时，自旋向上的态密度延伸到整个散射区域，而自旋向下的态密度仅局域于中心散射区的右边。意味着自旋向上电流是"导通"状态，而自旋向下电流是"抑制"状态。同时，LDOS 在 ±0.8 V 的情况与 ±0.6 V 的情况相似。因此，可以得出结论，基于 V-ZPNR$_{C1}$ 的器件表现出了有趣的输运性质：当施加正偏压时，可以获得自旋向下电流；当施加负偏压时，则可获得自旋向上电流。这一发现意味着该器件可以充当双向自旋过滤器或双向自旋二极管。

通过控制磁场和电场的方向，可以调节电流状态。

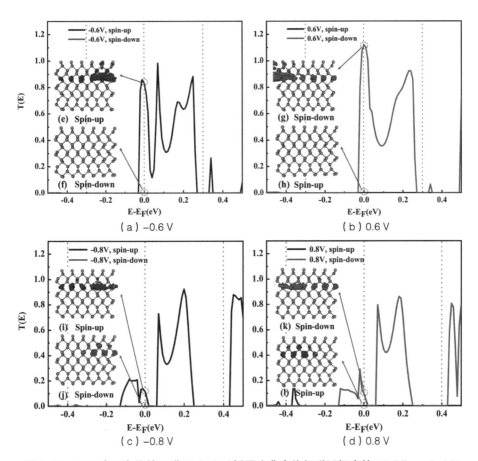

图 6.12　APC 态下自旋输运谱 **T**（**E**）（插图为费米能级附近相应的 **LDOS**，±0.6 V
　　　处的等值面为 0.15 a. u，±0.8 V 处的等值面为 0.03 a. u）

6.3　Si 掺杂对黑磷烯纳米带的电子和输运性质调控

　　研究表明，边缘裸露和氢化的 APNRs 都呈现非磁半导体性；对于 ZPNRs，
边缘裸露时是非磁导体，氢化后则转变为非磁半导体。也就是说，ZPNRs 比

APNRs 性质更具多样性。因此，本节基于边缘裸露的 ZPNRs，主要探讨掺杂对其电磁和输运性质的影响。

6.3.1　模型构建

考虑到 Si 原子比 P 原子少一个电子，我们将 Si 原子掺入其中，实现空位掺杂。基于此，我们分别构建了几种双电极输运系统及双电极系统电压降（图 6.13）。首先将一个 Si 原子掺入一个纳米带重复单元，Si 原子首先替代趋于中心的 P 原子，然后掺杂位置从纳米带中心依次向边缘变换，分别记为系统 Si1、Si2、Si3 ［图 6.13（a）］。在系统 Si2 的基础上，沿纳米带中心对称的 P 原子位置再掺入一个 Si 原子，记为系统 Si22 ［图 6.13（b）］，以此实现掺杂浓度提高一倍。另外，以 Si2 纳米带为基础，将一个 Si 原子掺入 2 个纳米带重复单元，将掺杂浓度降低一半，记为系统 Si2 – 1/2 ［图 6.13（c）］。

6.3.2　电子结构及输运性质

我们首先考察了本征 P6 和掺杂后的 Si1、Si2、Si3 系统对应纳米带的能带结构，如图 6.14 所示。从能带结构上可以看出，本征和掺杂的纳米带都呈现出导体性质。与未掺杂的纳米带 6ZPNR 相比，Si1 和 Si3 纳米带的能带结构在费米面上下多了几条杂质带，但没有穿过费米面，即掺杂没有使费米面穿过的能带条数增加。Si 原子的掺入使得 Si2 纳米带费米面附近的能带条数由未掺杂的两条变为三条。众所周知，穿过费米面的带越多预示着越强的电子传输能力。也就是说，虽然掺杂没有改变纳米带的导体性质，但可能会提高其导电性。因此，在三种双电极系统中，电子可能更容易在 Si2 系统中传输。图 6.14（d）、图 6.14（g）和图 6.14（j）中零偏压下的输运谱也印证了这一点。Si1 系统和 P6 系统费米面附近的输运谱相似，都存在一个较窄的输运峰，而 Si3 系统的输运峰值明显变低。然而，Si2 系统中费米面附近的输运峰在区间 ［– 1.6 eV，0.4 eV］ 都具有较高值。从输运谱也可看出，掺杂能有效调控 ZPNRs 的电子输运能力。相比于未掺杂系统 P6，Si2 系统的输运系数变

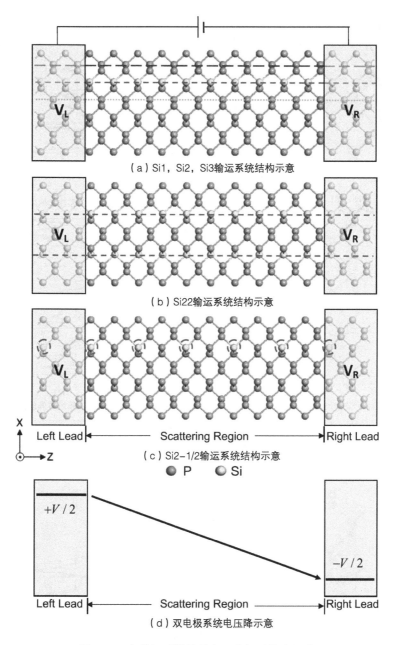

（a）Si1，Si2，Si3输运系统结构示意

（b）Si22输运系统结构示意

X

Left Lead ⟵ Scattering Region ⟶ Right Lead

Z

（c）Si2-1/2输运系统结构示意

● P   ○ Si

$+V/2$

$-V/2$

Left Lead ⟵ Scattering Region ⟶ Right Lead

（d）双电极系统电压降示意

图6.13　各输运系统结构和双电极系统电压降

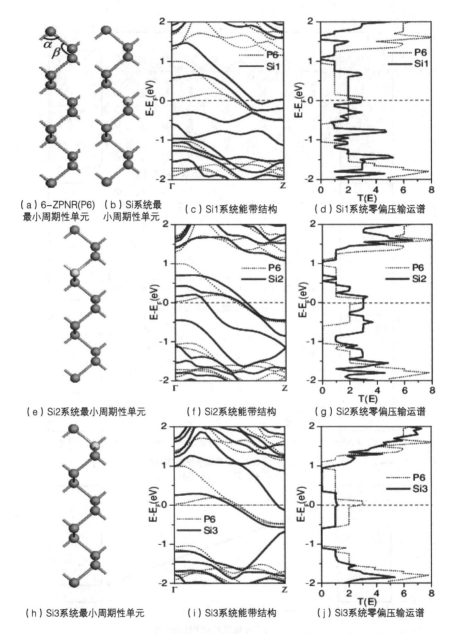

（a）6-ZPNR(P6)　（b）Si系统最　　　（c）Si1系统能带结构　　　（d）Si1系统零偏压输运谱
最小周期性单元　　小周期性单元

（e）Si2系统最小周期性单元　　　（f）Si2系统能带结构　　　（g）Si2系统零偏压输运谱

（h）Si3系统最小周期性单元　　　（i）Si3系统能带结构　　　（j）Si3系统零偏压输运谱

图 6.14　6-ZPNR（P6）、Si1、Si2 和 Si3 的纳米带、能带结构和零偏压输运谱

大，输运能力变强；而 Si3 系统的输运系数变小，输运能力变弱。

从图 6.15（a）中 P6、Si1、Si2、Si3 系统的 I-V 曲线可以看到，与 P6 系统中的电流相比，Si1 系统中的电流没有明显变化，而 Si2 系统的电流显著增大，Si3 系统中的电流明显变小，这与能带和输运谱分析的结果一致。因此，可以进一步断定，通过改变 Si 的掺杂位置可以有效调控 ZPNRs 的导电性，且 Si2 系统的导电性最强。

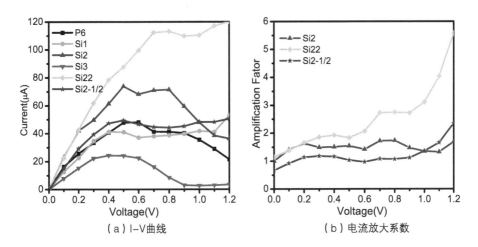

（a）I-V曲线   （b）电流放大系数

图 6.15 本征和各掺杂输运系统的输运结果及电流放大系数

接下来，为了进一步研究掺杂浓度对导电性的影响，我们基于 Si2 系统改变 Si 掺杂的浓度。首先，我们构建了 Si22 系统，其中两行 P 原子被 Si 原子替代（一行与 Si2 系统相同，另一行是相对于中线镜像对称）。显然，Si22 系统的掺杂浓度是 Si2 系统掺杂浓度的 2 倍。Si22 在零偏压下的相应晶胞结构、能带结构和输运谱如图 6.16（a）、图 6.16（b）和图 6.16（c）所示。对比 Si2 系统和 Si22 系统的能带结构，掺杂浓度提高一倍以后，费米能面附近出现了一个新的杂质带，费米面附近的能带条数由 3 条增为 4 条，相应地，Si22 系统中的电子在费米面附近具有更高的透射峰。然后，我们将掺杂浓度降低一半的纳米带命名为 Si2－1/2，其中两个晶胞中的一个 P 原子被一个 Si 原子取代。图 6.16（d）、图 6.16（e）和图 6.16（f）分别显示了 Si2－1/2 系统在零偏压下的晶胞结构、能带结构和输运谱。对比 Si2 纳米带和掺杂浓度降为一半的 Si2 − 1/2 系统纳米带的能带结构，Si2 − 1/2 系统费米面附近的能带从 3 条减到 2 条，表明电子输运能力随着掺杂浓度的降低而降低。图 6.16 中，Si2 − 1/2 系统的透射光谱在费米面附近变得较低且平坦也证实了这一趋势。也就是说，可以设想通过改变 Si 原子在黑磷烯纳米带中的掺杂浓度来调控其导电性，即掺杂浓度高，导电性强，掺杂浓度低，导电性弱。

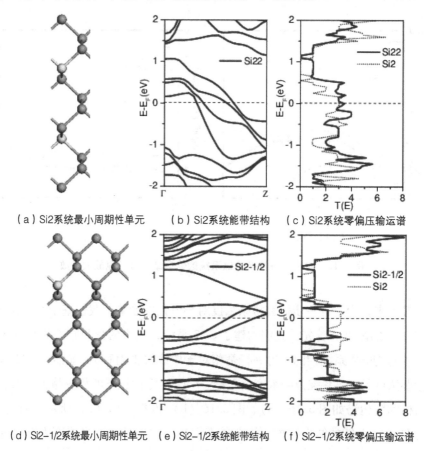

（a）Si2系统最小周期性单元　（b）Si2系统能带结构　（c）Si2系统零偏压输运谱

（d）Si2-1/2系统最小周期性单元　（e）Si2-1/2系统能带结构　（f）Si2-1/2系统零偏压输运谱

图 6.16　Si2 和 Si2 − 1/2 系统的纳米带、能带结构和零偏压输运谱

接下来，我们比较了 Si2、Si22 和 Si2 − 1/2 系统的 I-V 曲线，如图 6.15（a）所示。与 Si2 系统的电流相比，分别将掺杂浓度提高和降低一倍构建的 Si22 和

Si2 – 1/2 两种输运系统，计算得到的电流也相应地变大或变小。同时，我们也计算了 Si2、Si22 和 Si2 – 1/2 系统的电流放大系数，如图 6.15（b）所示，电流放大系数会随着掺杂浓度的升高而升高。Si22 输运系统的电流放大系数在 1.0 V 偏压时为 3，1.2 V 偏压时能达到 5。

为了探究以上输运行为的来源，图 6.17 给出了系统 P6、Si2 – 1/2、Si2 和 Si22 在 0.8 V 偏压下的输运谱。在偏压窗为 ［ – 0.4 eV，0.4 eV ］ 时，P6 的透射谱在 – 0.2 ~ 0.4 eV 保持平坦且相对较小，而对于 Si2 – 1/2 系统，尽管出现了两个新的输运峰，但分别在 – 0.2 eV 和 0.05 eV 左右有两个明显的输运谷。因此，与 P6 相比，Si2 – 1/2 系统在偏压窗内的输运谱的积分面积没有显著增加，说明电流没有明显增加，电流放大系数保持在 1 左右。Si2 系统的输运系数在偏压窗内显著增加，导致更大的电流放大系数。随着掺杂浓度的增大，Si22 系统在偏压窗内具有最高的传输峰值，电流放大系数最大。

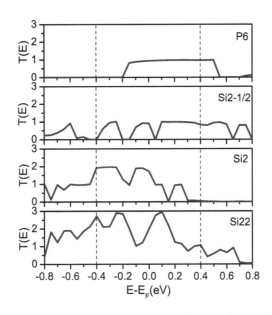

图 6.17　系统 P6、Si2 – 1/2、Si2 和 Si22 在 0.8 V 偏压下的输运谱

此外，我们在 Si2、P6 和 Si3 输运系统的 I-V 曲线上也发现了较明显的

NDR。总的来说，Si2、P6 和 Si3 系统的电流都随着偏压的增加而从零增加到最大，然后分别在 0.8 V、0.6 V 和 0.5 V 时减小。与未掺杂系统 P6 的 NDR 效应相比，Si3 系统中的 NDR 效应发生在较低偏压范围。接下来，图 6.18 绘制了 Si2、P6 和 Si3 系统的输运谱与电子能和偏压的函数关系。白色虚线表示偏压窗口。在低偏压范围内，Si2、P6 和 Si3 系统的输运谱依次从大到小，导致输运电流依次减小。此外，当施加正偏压时，更多的传输峰进入偏压窗，从而带来更多的输运通道，并导致低偏压范围内的电流明显增加。然而，在图 6.18（a）中，由于输运谱的偏移和输运系数的减小，在 0.8 V 之后，偏压窗内的总输运系数随着偏置电压增大而明显减小。因此，Si2 的电流随着偏压的增加而减小，呈现 NDR 效应。类似的情况也可以在图 6.18（b）和图 6.18（c）中找到。例如，P6 和 Si3 的输运系数分别在 0.6 V 和 0.5 V 的偏压后明显减小。因此，当偏压继续增大时，P6 和 Si3 系统的电流也减小，由此观察到 NDR。

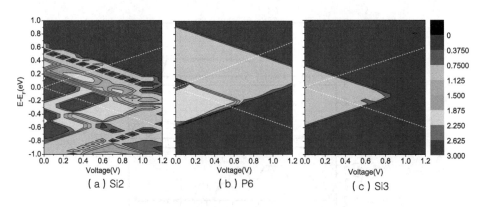

图 6.18　输运谱与电子能和偏压的函数关系

为了更清楚地理解 NDR 的物理机制,图 6.19 分别绘制了 P6、Si2、Si3 和 Si22 系统的 3 个不同偏压下的输运谱以及左右电极的 DOS。在零偏压下，两个电极的 DOS 完全相同。因此，左右电极的 DOS 肯定彼此匹配，并且可以观察到费米面附近的输运峰。在施加正偏压的情况下，左电极和右电极的 DOS 分别向上和向下移动。因此，两个电极越来越多的谐振态出现在偏压窗内。

相应地，电流在一定偏压下（P6 系统为 0.6 V，Si2 系统为 0.8 V，Si3 系统为 0.5 V）从零增加到峰值。然而，值得注意的是，由于左右电极 DOS 对称性受到破坏，当超过上述偏压时，费米面附近的输运峰变得越来越窄。尽管偏压窗变大，但输运谱的积分面积仍明显减小。因此，电流减小，出现 NDR 效

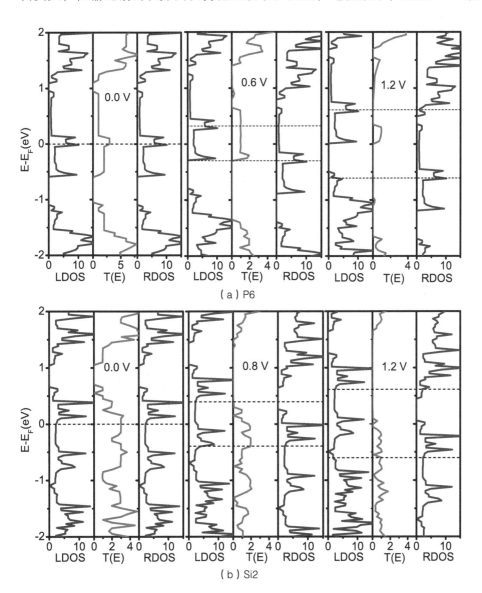

（a）P6

（b）Si2

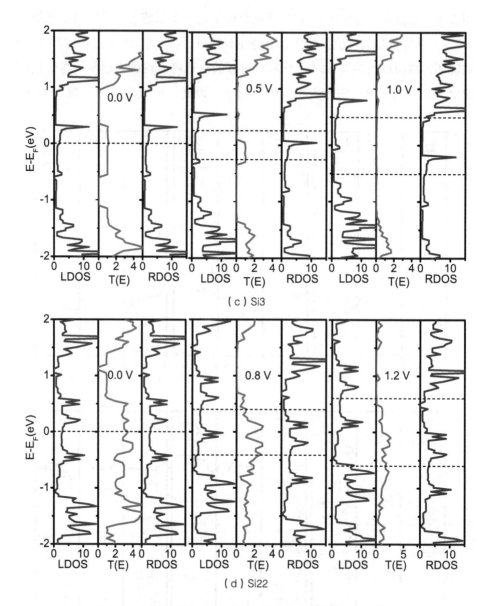

（c）Si3

（d）Si22

图 6.19　不同纳米带、不同偏压下的左电极态密度（LDOS）、
右电极态密度（RDOS）和输运谱 T（E）

应。正如图 6.19（a）至图 6.19（c）所示，当 P6 和 Si2 系统的偏压达到
1.2 V，Si3 系统的偏压达到 1.0 V 时，偏压窗内输运谱的积分面积分别远小
于 P6 系统在 0.6 V、Si2 系统在 0.8 V 和 Si3 系统在 0.5 V 时的积分面积。甚
至在 1.0 V 的偏压下，Si3 系统费米能级附近的输运峰几乎消失。

6.4 本章小结

首先，我们研究了 V 原子掺杂在 ZPNRs 不同的位置上的电子结构和输运
性质。结果表明，在强晶体场下，由于 V 原子的 d 轨道与非金属原子的 p 轨
道之间的杂化，掺杂位置对 ZPNRs 的电子结构有直接影响。当 V 原子取代 P
原子在"A"位置时，6-ZPNRs 表现出磁性金属性，而当掺杂位置变为"B"
位置时，纳米带表现出明显的半金属性。此外，D1 和 D2 器件均出现 NDR 行
为。在低偏压下，D2 器件可以获得几乎 100% 自旋极化的理想自旋滤波效果。
其次，我们研究了不同边缘钝化方式对 V-ZPNRs 的电子和输运性质的影响。
从能带结构可以看出，未掺杂 V 原子的 ZPNRs 是无磁性的，而掺入 V 原子的
ZPNRs 的能带结构出现明显的自旋劈裂。我们通过不同的边缘钝化方式，使
得 V-ZPNRs 从磁性金属转变为磁性半导体。此外，我们还分析了 V-ZPNR$_H$、
V-ZPNR$_F$ 和 V-ZPNR$_{Cl}$ 的 I-V 曲线变化和输运谱，发现 V-ZPNR$_H$、V-ZPNR$_F$ 和 V-
ZPNR$_{Cl}$ 存在双向自旋滤波效应。在较大的偏压范围内，SP 可以高达 100%。
最后，我们基于裸露的 ZPNRs，探讨了 Si 替代掺杂对其电磁性质和输运性质
的影响。ZPNRs 纳米带的导电性可以通过掺杂位置和浓度的不同进行调节，
同时掺杂可将 ZPNRs 的 NDR 向更低偏压下移动。本章基于黑磷烯纳米带所设
计的器件表现出了自旋电子学中的重要特性，如 NDR、磁阻和（双向）自旋
过滤效应等，以期为实验上基于新型低维材料设计具有自旋过滤、磁阻、整
流、NDR 等效应的多功能自旋电子学器件提供一定的理论支持。

7

两种分子磁体的电子结构和磁性质

近年来，随着科学技术的发展，越来越多的分子磁性材料被合成出来。这些材料往往集几种物理性质于一身，具有性质独特、结构多样化、光电效应不同寻常等特点。从应用角度看，它们可以做成多种显示器的活性元件，温度传感器，光开关及信息记忆、储存等多种分子磁性材料器件。所以，有机磁体的磁性和电导性的研究是当前材料科学和凝聚态物理领域极其重要的课题。本章基于 DFT 的 FPLAPW 方法初步研究了两种有机磁体的电子结构、磁性质和电导性质，以了解材料磁性的微观机制，为分子磁性材料的实验合成提供理论依据与指导。

本章在计算中采用 WIEN 程序包，我们将运用 DFT，并采用 FPLAPW 方法对两种典型的分子磁性材料的电子结构和磁性质进行第一性原理研究。

7.1 非纯有机铁磁体 $[\mathbf{Mn}(\mathbf{ins})(\mathbf{\mu}_{1,1}-\mathbf{N}_3)(\mathbf{CH}_3\mathbf{OH})]_2$ 的电子结构和磁性质

7.1.1 叠氮桥联配合物的磁性研究现状

叠氮基 azido（N_3^-）是由 3 个氮原子连接而成的配位体，它作为一种能够有效传递磁交换的桥联配体，最显著的特点是其叠氮桥联配合物结构和磁性的多样性，近几十年来引起了理论和实验工作者的广泛兴趣。叠氮基可以

以各种不同的桥联方式连接两个或两个以上的金属离子。最基本的桥联方式
有两种[243]：一种是叠氮基一端的氮离子同时和两个金属离子相连，而另一端
的氮离子处于自由状态的 $\mu-1$，1 方式，即 EO（End-On）桥联方式；另一
种是叠氮基的头尾两个氮离子分别和两个金属离子相连的 $\mu-1$，3 方式，即
EE（End-to-End）桥联方式，在此桥联方式下，根据两个金属离子对称与否，
又可将它分为对称性的和非对称性两种情况。很多情况下，叠氮基以这两种
基本的方式组合成更为多变的桥联方式，如 $\mu-1$，1，1、$\mu-1$，1，3、$\mu-$
1，1，3，3 等。图 7.1 给出了上面提到的几种桥联方式。

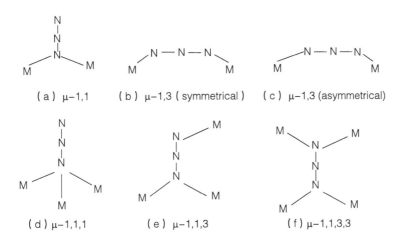

（a）$\mu-1,1$ （b）$\mu-1,3$（symmetrical） （c）$\mu-1,3$（asymmetrical）

（d）$\mu-1,1,1$ （e）$\mu-1,1,3$ （f）$\mu-1,1,3,3$

图 7.1 叠氮基的几种桥联配位方式

依桥联方式和桥联结构参数的不同，叠氮基既可以传递铁磁耦合，也可
以传递反铁磁耦合。因此，叠氮桥联配合物的磁性呈现出多样性。通常来说，
$\mu-1$，3 桥联一般呈现顺磁离子之间的反铁磁耦合。除极个别外，双 EE 桥联
符合这个规律。对于单 EE 桥联，早期研究表明传递反铁磁耦合，但近几年发
现一些 Cu（Ⅱ）和 Ni（Ⅱ）一维配位聚合物也能传递铁磁耦合[244-245]。$\mu-$
1，1 桥联一般是以双桥方式连接金属，呈现的是铁磁耦合。并且在 EO 桥联化
合物中，叠氮桥通常与其他桥联共存。据我们所知，目前只有一例文献报道
了单个叠氮离子以 EO 方式连接两个金属而无其他桥联，$[CuL（N_3）_2]_n$（L =

1，4 – 二氮杂环庚烷），该配合物含交替的单 EE 和单 EO 桥，均传递弱的反铁磁相互作用。EO 桥联配合物的磁性相互作用受 M-N-M 桥角的影响，当 M-N-M 桥角较大时也可以传递反铁磁耦合。虽然前人对叠氮桥联配合物的磁性作了大量的实验和理论上的研究，但它们的磁性还没有被充分认识。

叠氮桥联配合物，如 Cu（Ⅱ）、Ni（Ⅱ）或 Mn（Ⅱ）叠氮类化合物，无论在实验上还是理论上都有相关的磁性研究[244, 246 – 249]。然而，对于 Mn（Ⅲ）叠氮类化合物，到目前为止实验上只合成了［Mn（salpn）N_3］［H_2salpn = N，N′-bis（salicylidene）– 1，3 – diaminoproane］[250]、［Mn（salen）N_3］［H_2salen = N，N′-bis（salicylidene）– 1，2 – diamino-ethane］[251] 和［Mn（acac）$_2$$N_3$］（acac – = acetylacetonate anion）[252]3 种，它们都是反铁磁性的。理论上还没有关于 Mn（Ⅲ）叠氮类化合物磁性的研究。题目中所给出的化合物［Mn（ins）（$\mu_{1,1}$ – N_3）（CH_3OH）］$_2$是第一例双 EO 桥联 Mn（Ⅲ）叠氮配合物[253]，在本书中我们给出了基于［Mn（ins）（$\mu_{1,1}$ – N_3）（CH_3OH）］$_2$的精确的第一性原理计算结果。

7.1.2 实验测得的分子结构和磁性质

图 7.2 给出了化合物［Mn（ins）（$\mu_{1,1}$ – N_3）（CH_3OH）］$_2$的分子结构。在［Mn（ins）（$\mu_{1,1}$ – N_3）（CH_3OH）］$_2$晶体中，相邻的两个三价 Mn 离子通过双 μ – 1，1 类型的 azido 配位体连接。两个 Mn 离子和连接它们的氮原子的夹角 Mn1 – N1 – Mn1A 大小为 100.3°。Mn 离子位于一个轴向拉长的畸变的八面体中心。在这个八面体的赤道面上有两个氧原子（O1 和 O2）和两个氮原子（N1A 和 N4），其中 N1A 是叠氮基末端的氮原子。在轴向位置的是一个氧原子 O3 和一个氮原子 N1，其中 N1 是另一个叠氮基中的末端氮原子。实验测得的［Mn（ins）（$\mu_{1,1}$ – N_3）（CH_3OH）］$_2$的空间群是 P –1，晶格常数a = 7.872（16）Å，b = 10.017（2）Å，c = 10.443（2）Å，α = 95.50（3）°，β = 105.46（3）°，γ = 93.93（3）°。磁性测量表明，该化合物在低温下表现出铁磁特性。因此，我们直接利用实验数据计算［Mn（ins）（$\mu_{1,1}$ – N_3）（CH_3OH）］$_2$铁磁态的电子结构。

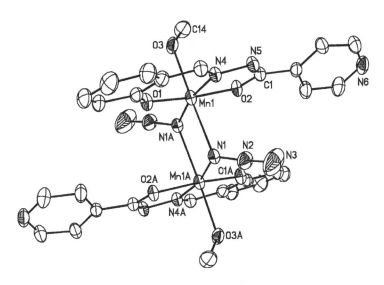

图 7.2 $[Mn(ins)(\mu_{1,1}-N_3)(CH_3OH)]_2$ 的分子结构

7.1.3 电子结构及磁性的计算结果及讨论

我们选取的 Mn、O、N、C 和 H 原子的 Muffin-tin 球半径分别为 2.60、0.83、1.09、1.10 和 0.44 a.u.，平面波截断能取 281 eV，截断能参数 $R_{mt}K_{max}=2$。在总的布里渊区中选取 50 个 k 点，能量收敛到 1.0×10^{-4} Ry。以下是对化合物 $[Mn(ins)(\mu_{1,1}-N_3)(CH_3OH)]_2$ 的铁磁态电子结构的详细讨论。

（1）态密度

图 7.3 和图 7.4 给出了化合物 $[Mn(ins)(\mu_{1,1}-N_3)(CH_3OH)]_2$ 的 TDOS 和部分原子的 PDOS。首先，在费米面附近一个价带分裂成了两个子价带：一个自旋向上的价带和一个自旋向下的价带，也就是说，化合物 $[Mn(ins)(\mu_{1,1}-N_3)(CH_3OH)]_2$ 有磁性。从原子的电子态密度可以看到，此化合物的磁性主要来源于 Mn^{3+} 的 3d 轨道，C14、N1、N2、N3、N4、C2 的 2p 轨道也对化合物的磁性有贡献。为了简化起见，图 7.3 中只给出了对磁性有

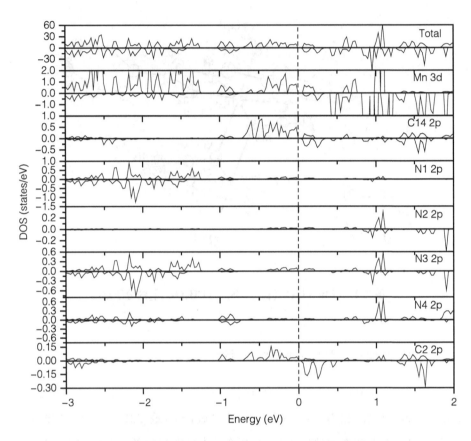

**图 7.3 化合物 ［Mn（ins）（μ₄,₁ – N₃）（CH₃OH）］₂的
总电子态密度和部分原子的态密度**

较大贡献的原子的电子态密度。其次，仔细观察 Mn 原子的 3d 轨道的电子态密度可知，在费米面以下，自旋向上的电子数明显多于自旋向下的电子数，而在费米面以上则相反。再次，Mn 3d，N1 2p 和 N4 2p 轨道的态密度很相似，说明在这 3 个轨道之间存在杂化。同样的杂化现象也发生在 N1、N3 的 2p 轨道和 C3、C4、C6 的 2p 轨道。最后，在总的电子态密度中，自旋向上和自旋向下的电子态密度都没有穿过费米面。在费米面附近，自旋向上和自旋向下的态密度能隙分别为 0.08 eV 和 0.8 eV，表明此化合物具有半导体特性。

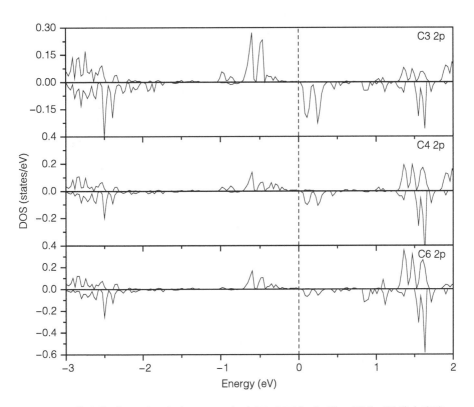

图 7.4 化合物 [Mn (ins) (μ₁,₁ – N₃) (CH₃OH)]₂ 中 C3、C4 和 C6 的态密度

（2）自旋磁矩

为了进一步分析化合物 [Mn (ins) (μ₁,₁ – N₃) (CH₃OH)]₂铁磁性的来源，我们给出了此化合物中各个原子的磁矩分布（表 7.1）。得到结论如下：①参考文献 [71] 中提到化合物 [Mn (ins) (μ₁,₁ – N₃) (CH₃OH)]₂处于高自旋基态 S =4，就意味着它的一个分子总的自旋磁矩为 8 μ$_B$。我们计算得到的一个分子总的自旋磁矩为 8.08 μ$_B$，与参考文献 [71] 非常吻合。②表 7.1 显示分子的总自旋磁矩主要来源于 Mn^{3+}，其他原子对总自旋磁矩的贡献相对较小。这与从电子态密度图得到的结论是一致的。③从计算得到的 Mn^{3+} 的磁矩为 3. 3975 μ$_B$可以看出，Mn^{3+} 处于高自旋基态。④计算得到的 3 个叠氮基原子

N1、N2 和 N3 的磁矩分别为 0.01016 μ_B、0.01201 μ_B 和 0.03452 μ_B，+ / + / +
的自旋磁矩显示在叠氮组 N1 – N2 – N3 中存在铁磁交换作用。

表 7.1　计算得到的化合物 $[Mn(ins)(\mu_{1,1}-N_3)(CH_3OH)]_2$ 中各个原子的磁矩分布

原子	磁矩/μ_B	原子	磁矩/μ_B
Mn	3.397 50	C6	0.022 61
N1	0.010 16	C7	0.016 70
N2	0.012 01	C8	0.002 16
N3	0.034 52	C9	0.004 28
N4	– 0.019 82	C10	0.004 32
N5	0.015 81	C11	0.005 68
N6	0.042 07	C12	0.000 98
C1	0.002 45	C13	0.005 04
C2	0.035 03	C14	0.319 93
C3	0.045 95	O1	0.009 03
C4	0.018 39	O2	0.008 47
C5	0.019 08	O3	0.009 09

（3）电子能带结构

图 7.5 给出了化合物 $[Mn(ins)(\mu_{1,1}-N_3)(CH_3OH)]_2$ 的电子能带
结构。费米面位于自旋向上和自旋向下的两个子能带的带隙中。对自旋向上
的子能带，导带底和价带顶分别位于 Γ 点和 M 点，对应的能量分别为 0.08 eV 和
0 eV。而自旋向上的能带，导带底和价带顶分别位于 R 点和 Γ 点，对应的能
量分别为 0.1 eV 和 – 0.7 eV。也就是说，自旋向上和自旋向下的子能带都是
间接带隙，大小分别为 0.08 eV 和 0.8 eV。此外，能带结构显示，自旋向上
和自旋向下的带在费米面附近是打开的，进一步证明了化合物 $[Mn(ins)$
$(\mu_{1,1}-N_3)(CH_3OH)]_2$ 具有半导体特性。

通过比较电子态密度（图7.3、图7.4）和电子能带结构（图7.5），我们可以得到：①图7.5中，在 -0.4 eV 到0.2 eV 范围内有4条明显的带，其中3条位于价带，一条位于导带。对比态密度图发现，在费米面附近的4条带主要来源于 Mn 原子的3d 态，C14 原子的2p 态也对它们有较小的贡献。②从自旋向上的电子能带结构和态密度可看出，在 -0.6 eV 至 -0.4 eV 能量范围内，能带主要来源于 C14 原子的2p 态，其他原子的贡献很小。③在自旋向上和自旋向下的能带结构中，-0.9 eV附近有两条能带，它们主要来源于 Mn 原子的3d 态。④低于 -1.2 eV 的电子能带主要来源于 Mn 的3d 态，N1 和 N3 的2p 态也有小的贡献。

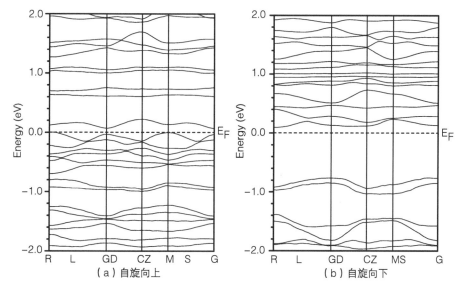

（a）自旋向上　　　　　　　　（b）自旋向下

图 7.5　化合物 ［Mn（ins）（$\mu_{1,1} - N_3$）（CH_3OH）］$_2$的电子能带结构

总之，我们运用基于 DFT 的 FPLAPW 方法计算了非纯有机铁磁体 ［Mn（ins）（$\mu_{1,1} - N_3$）（CH_3OH）］$_2$的电子结构和磁性质。通过对态密度、自旋磁矩和电子能带结构的分析，得出此化合物具有半导体特性，自旋磁矩主要来源于 Mn 的3d 轨道。化合物 ［Mn（ins）（$\mu_{1,1} - N_3$）（CH_3OH）］$_2$一个分子总的自旋磁矩为 8.08 μ_B，与前人实验得到的自旋磁矩 8 μ_B是一致的。

7.2 非纯有机反铁磁体 Co［（CH$_3$PO$_3$）（H$_2$O）］的电子结构和磁性质

金属磷酸盐 M［（RPO$_3$）（H$_2$O）］代表了一类有机无机杂化材料。这里 M 是二价金属离子，R 是烷基或烃基。这类化合物有一个很有趣的特征——它的二维结构通常呈薄片状，在单胞的一个方向上有机无机交替排列。近年来实验方面已经合成制备出这类金属磷酸盐的一系列的新材料[254-256]。低温下这类化合物是长程磁有序的，它们的磁性已经引起了人们的普遍关注。鉴于此，我们采用精确的第一性原理计算 Co［（CH$_3$PO$_3$）（H$_2$O）］的电子结构和磁性质，以便深入理解它内部的磁相互作用机制。

7.2.1 Co［（CH$_3$PO$_3$）（H$_2$O）］体系的分子结构

图 7.6 给出了 Co［（CH$_3$PO$_3$）（H$_2$O）］的结构[256]。此化合物在 a 轴方向呈现有机层－无机层交替排列的层状结构。无机层由 Co 离子和与之配位的

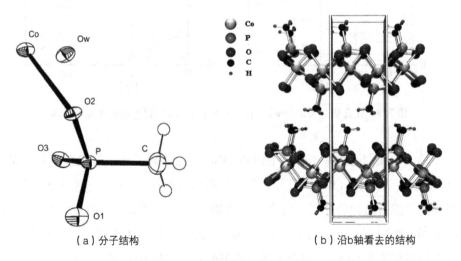

（a）分子结构　　　　　　　　　　（b）沿 b 轴看去的结构

图 7.6　Co［（CH$_3$PO$_3$）（H$_2$O）］结构[256]

5 个 O 原子组成，其中有 4 个 O 原子来源于膦酸基（其中一个 O 原子来源于另一个原胞中的膦酸基），一个来源于水分子。P—C 键和由甲基组成的有机层与无机层几乎是垂直的。有关的 Co［（CH₃PO₃）（H₂O）］的晶体结构参数如表 7.2 所示，我们在计算过程中直接使用了这些数据。

表 7.2　Co［（CH₃PO₃）（H₂O）］的晶体结构参数

分类	参数
分子式	CH_5CoO_4P
分子质量	168.95
空间群	Pna21（Z = 4）
a	17.413（6）Å
b	4.7856（3）Å
c	5.6638（10）Å
α	90.00°
β	90.00°
γ	90.00°

7.2.2　电子结构及磁性的计算结果及讨论

我们对化合物 Co［（CH₃PO₃）（H₂O）］进行了自洽的电子能带结构计算，确定了体系的基态，并对它的内部的磁相互作用机制做了分析和讨论。

（1）能量

Bauer 等[256] 的实验测定 Co［（CH₃PO₃）（H₂O）］具有反铁磁基态，但至今没有理论上的证实，因此，我们计算了铁磁（Ferromagnetic，FM）、反铁磁（Antiferromagnetic，AFM）和无磁（Nonmagnetic，NM）相互作用 3 个状态的总能量。我们建立了 1×1×2 的超原胞，在 AFM 态中让一个超原胞里面的两个 Co 原子有相反的自旋方向，而在 FM 态中，它们两个的自旋方向相同。计算得到的 3 个状态的总能量如表 7.3 所示。可以看出，AFM 态的能量最低，比 FM 态和 NM 态的能量分别低 0.025 Ry 和 0.529 Ry。由此得出，化合物 Co [（CH$_3$PO$_3$）（H$_2$O）] 的基态是反铁磁态，而铁磁态是它的亚稳态，得到了与实验[256]一致的结果。

表 7.3　化合物 Co [（CH$_3$PO$_3$）（H$_2$O）] 的总能量和磁矩

Co [（CH$_3$PO$_3$）（H$_2$O）]	铁磁态	反铁磁态	非磁态
总能量/Ry	− 33 191.747	− 33 191.772	− 33 191.243
磁矩/μ_B	20.000	0	

（2）自旋磁矩

表 7.3 也给出了化合物 Co [（CH$_3$PO$_3$）（H$_2$O）] 在 FM 态和 AFM 态的总自旋磁矩。在 NM 态中没有考虑自旋极化，因此没有得到相应的磁矩。FM 态和 AFM 态的各个原子和球隙的磁矩如表 7.4 所示。计算出 FM 态中每个原胞的自旋磁矩是 20.00 μ_B，因为每个原胞中有 4 个分子（$Z = 4$），所以每个分子的磁矩为 5.00 μ_B，这和实验[256]中得到的磁矩结果是一致的（5.18 μ_B）。从表 7.4 可以看出，化合物的总磁矩主要来源于 Co 离子，Ow 也有较大的贡献。另外，因为 FPLAPW 方法把晶胞分成了无交叠的原子球和球隙两个区域，所以在球隙中也存在磁矩。总的来说，化合物 Co [（CH$_3$PO$_3$）（H$_2$O）] 总的磁矩来源于 Co、O、C、P 原子和球隙区域。

Co^{2+} 的电子结构为 3d^7，在化合物中它可能处于高自旋或低自旋态。从表 7.4 中可看出，在铁磁态中 Co^{2+} 的磁矩为 2.758 μ_B，在反铁磁态中为 ± 2.471 μ_B，显然在这里 Co^{2+} 处于高自旋态。由于 Co 的电子结构为 3d^{7}4s^2，正二价的 Co 离子最外层有 7 个 d 电子，即 5 个自旋向上的电子，2 个自旋向下的电子。从电子计数规则来看，Co^{2+} 的磁矩为 3 μ_B。我们计算的 Co^{2+} 磁矩在铁磁态中为 2.975 μ_B，在反铁磁态中为 ± 2.471 μ_B，与理论值有一定差距，这是因为我们在计算中只考虑了自旋磁矩，没有考虑轨道磁矩和自旋——轨道耦合磁矩。上文提到，Ow 对化合物的自旋磁矩有较大贡献，这可以由自旋极化机制来解释[257]。如图 7.6 所示，晶体的无机层是由 Co 原子和与之配位的膦酸基和水分子中的 O 原子组成的，它们形成了 Co-O 的网状结构。在两个接近 180° 的 Co-O-Co 的超交换路径中，存在着很强的交换相互作用，所以 Ow 的磁矩较大。

表 7.4 Co[(CH₃PO₃)(H₂O)] 的各个原子的磁矩

原子	铁磁态磁矩/μ_B	反铁磁态磁矩/μ_B	原子	反铁磁态磁矩/μ_B
Co1	2.758	2.471	Co1′	−2.471
P1	0.020	0.003	P1′	−0.003
O1	0.118	0.060	O1′	−0.060
O2	0.176	0.094	O2′	−0.094
O3	0.159	0.057	O3′	−0.057
Ow	0.892	0.685	Ow′	−0.685
C1	0.011	0.001	C1′	−0.001
原子间隙	0.863	0		

（3）态密度

图 7.7 给出了化合物 Co[(CH₃PO₃)(H₂O)] 铁磁态和反铁磁态总的态密度。在费米面附近铁磁态和反铁磁态的态密度表现出明显不同的特点：在 FM 亚稳态，自旋向上的带在费米面附近是打开的，且能隙为 4.0 eV，而自旋向下的带穿过了费米面；在 AFM 基态，无论自旋向上还是自旋向下的带都穿过了费米面。这意味着化合物 Co[(CH₃PO₃)(H₂O)] 的 FM 亚稳态具有半金属性，而 AFM 基态具有金属特性。

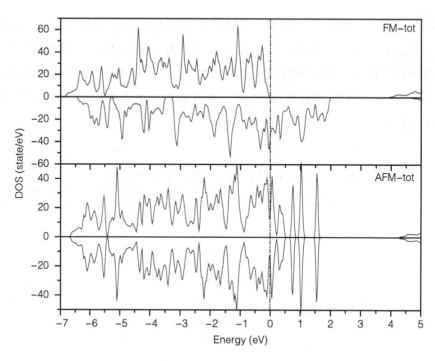

**图 7.7　化合物 Co〔(CH₃PO₃)(H₂O)〕的
铁磁态和反铁磁态总的态密度**

　　图 7.8 和图 7.9 分别给出了 FM 态和 AFM 态中主要原子的态密度。在费米面附近，TDOS 和 PDOS 都发生了明显的劈裂，一个价带分裂成了两个子价带：一个自旋向上，另一个自旋向下。意味着在这一体系中，由于未配对电子的存在，有序的电子自旋排列在电子交换和关联的作用下有条件地出现了，提供了化合物的净自旋。从态密度图中可以看出，自旋磁矩主要来源于 Co 的 3d 轨道，然后是 O 的 2p 轨道，P 和 C 的 2p 轨道也有贡献。另外，图 7.8 中，AFM 态自旋向上的态密度主要来源于 Co1′ 的 3d 轨道，O1′、O2′、O3′ 和 Ow′ 的 2p 轨道也有贡献，而自旋向下的态密度主要来源于 Co1 的 3d 轨道，O1、O2、O3 和 Ow 的 2p 轨道也有贡献。

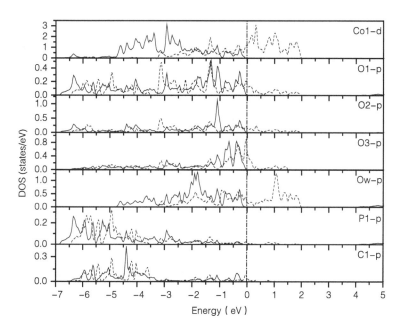

图 7.8 化合物 Co［（CH_3PO_3）（H_2O）］铁磁态中主要原子的态密度

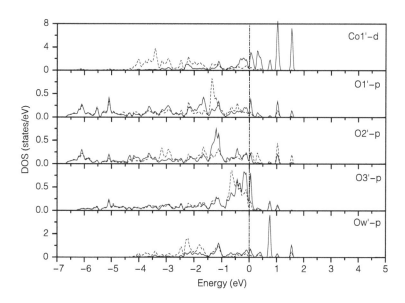

图 7.9 化合物 Co［（CH_3PO_3）（H_2O）］反铁磁态中主要原子的态密度

（4）电子能带结构

通过上面的计算，我们得到了化合物 $Co[(CH_3PO_3)(H_2O)]$ 的 FM 态一个分子的磁矩为 $5\,\mu_B$，整数磁矩表明此化合物的 FM 态有可能具有半金属性，随后我们又从态密度图 7.7 中得到化合物 $Co[(CH_3PO_3)(H_2O)]$ 在 FM 态确实有半金属性。但是能带计算始终是判断一种材料是否具有半金属性的重要依据。化合物 $Co[(CH_3PO_3)(H_2O)]$ 铁磁态的电子能带结构如图 7.10 所示。为了清楚起见，我们只画出了从 -1 eV 到 4 eV 的能带结构，在此范围内，存在着自旋向上的最高占有分子轨道（HOMO）和自旋向上的最低未占有分子轨道（LUMO）。图 7.10 显示，自旋向下的带穿过了费米面，而自旋向上的带没有穿过费米面，自旋向上的 HOMO 和 LUMO 之间存在 4.0 eV 的能隙。因此，从能带结构中可以进一步看出化合物 $Co[(CH_3PO_3)(H_2O)]$ 的 FM 亚稳态具有半金属性。

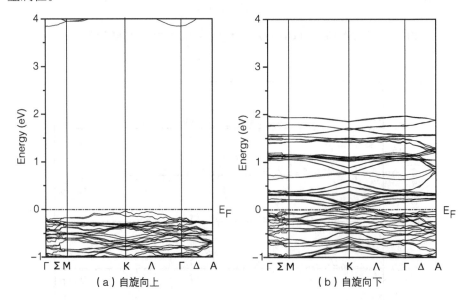

（a）自旋向上 　　　　　（b）自旋向下

图7.10　化合物 $Co[(CH_3PO_3)(H_2O)]$ 铁磁态的电子能带结构

7.3 本章小结

本章运用密度泛函理论研究了两种典型的非纯有机分子磁性材料的电子结构和磁性质。通过理论计算，我们得到了这些材料的电子结构、态密度、磁距及能带结构，通过对这些量的分析，我们对实际的分子材料的磁性机制有了进一步的理解。

化合物 $[Mn(ins)(\mu_{1,1}-N_3)(CH_3OH)]_2$ 是第一例双 EO 桥联 Mn（Ⅲ）叠氮配合物。磁性测量表明，该化合物在低温下表现出铁磁特性。因此，我们计算了 $[Mn(ins)(\mu_{1,1}-N_3)(CH_3OH)]_2$ 的铁磁态的电子结构，给出了精确的第一性原理计算结果，得到了体系的态密度，磁矩和能带结构。通过分析得出此化合物是半导体，一个分子的自旋磁矩为 8.08 μ_B，与实验[253]得到的自旋磁矩 8 μ_B 是一致的。

通过建立超原胞，计算了该体系的 FM、AFM 和 NM 3 个状态的总能量，通过比较确定反铁磁态是体系的基态，铁磁态是亚稳态。然后通过分析此体系的磁矩、态密度和电子能带结构，得到此体系磁性的主要来源，并得出基态的 $Co[(CH_3PO_3)(H_2O)]$ 具有金属特性，而亚稳态的 $Co[(CH_3PO_3)(H_2O)]$ 具有半金属性。

8

基于单分子磁体 Mn（dmit）$_2$ 和 FeN$_4$ 的
自旋电子学器件

近年来，基于单分子的电子器件引起实验[258-260]和理论[261-264]科学家的兴趣。由于电子电流可以通过分子，尤其是有机分子中的自旋向上和自旋向下态来控制，因此它们在下一代电子领域具有广泛的潜在应用。特别是，有机分子具有弱的自旋轨道相互作用、长的自旋弛豫时间和机械柔韧性[265-267]，比无机分子更适用于自旋电子学器件。其中，以过渡金属（Transition Metal，TM）为中心并与各种配体结合的配合物，可以通过改变中心 TM 原子或配体有效调节配合物的电子和磁性[268-272]。

在发现第一个含有过渡金属配合物的分子超导体（TTF）［Ni（dmit）$_2$］$_2$（TTF = 四硫富瓦烯）之后[273]，具有完全共轭的平面结构的过渡金属配合物 M（dmit）$_2$（M = Ni、Pd、Pt、Cu、Au 等，dmit = 1，3 – 二硫基 – 2 – 硫酮 – 4，5 – 二硫酯）[274]，被认为是一类很有潜力的单分子磁体。例如，研究[275-276]表明，Au 电极和 Mn（dmit）$_2$ 构成的输运系统表现出良好的自旋过滤效应和开关效应。

8.1　基于单分子磁体 Mn（dmit）$_2$ 的自旋电子学器件

8.1.1　基于单分子磁体 Mn（dmit）$_2$ 和石墨烯纳米带电极的自旋电子学器件

基于单分子磁体 Mn（dmit）$_2$，我们以 ZGNRs 为电极材料，设计了如图 8.1

所示的双电极输运器件。

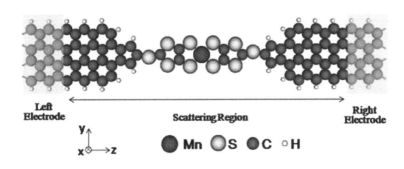

图 8.1　以 ZGNRs 为电极的双电极输运器件

本研究及本章其他系统计算输运性质时参数设置如下：交换关联函数选取的是广义梯度近似 GGA-PBE，芯电子选用的是标准规范守恒。基组金属原子选用的是双极化的基组，非金属原子选用的是单极化的基组，截断能选取 150 Ry，在 x、y 和 z 方向的 k 点分别选取 1、1 和 100。另外，将哈密顿、电子密度和能带结构的收敛标准设置为 10^{-4}，同时，计算性质之前，充分弛豫边缘的氢原子，使得原子间的作用力不大于 0.05 e/Å。

利用第一性原理和非平衡态格林函数方法，我们研究了不加外电场时，系统在 PC 态和 APC 态的输运谱，以及在费米面上自旋向上和自旋向下两通道的 LDOS（图 8.2）。在 PC 态，费米面附近自旋向上大于自旋向下的输运系数，在 APC 态则正好相反。输运系数大小的区别也可以进一步从 LDOS 得到验证。利用式（6-2）计算此器件零偏压下的 SP。PC 态费米面附近 SP 高达 97.5%，而 APC 态，SP 绝对值接近 100%。因此，此器件在 PC 和 APC 态下都是很好的自旋过滤器。

接下来，在外加正向偏压（0~1.1 V）下，得到了在 PC 和 APC 态下的 I-V 曲线，如图 8.3（a）所示。很明显在 PC 态，自旋向上电流大于自旋向下电流，而在 APC 态下正相反。根据式（6-1），我们得到不同偏压下的 SP，如图 8.3（b）所示。在 PC 态，由于自旋向上电流大于自旋向下电

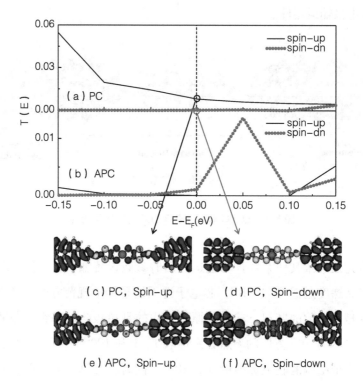

图8.2 以ZGNRs为电极的双电极输运器件零偏压自旋相关的输运谱和贾米能级处的LDOS [图8.2（a）和图8.2（b）为输运谱，图8.2（c）至图8.2（f）为贾米能级处的LDOS]

流，SP为正值，在偏压范围［0.2 V，0.6 V］保持大约50%，在更高偏压下稳定在大约94%。相比而言，在APC态，由于自旋向上的电流小于自旋向下的电流，SP为负值，在低偏压范围［0，0.3 V］，SP绝对值大约为98%，而后振荡地增大。预示着这个器件在PC和APC下都具有良好的自旋过滤效应，尤其是高（低）偏压下的PC（APC）态。

根据磁阻公式

$$MR(\%) = \left| \frac{R_{AP} - R_{P}}{R_{P}} \right| \times 100, \qquad (8-1)$$

我们计算此器件不同偏压下的磁阻，这里R_{AP}和R_{P}分别表示APC和PC态下的电阻。

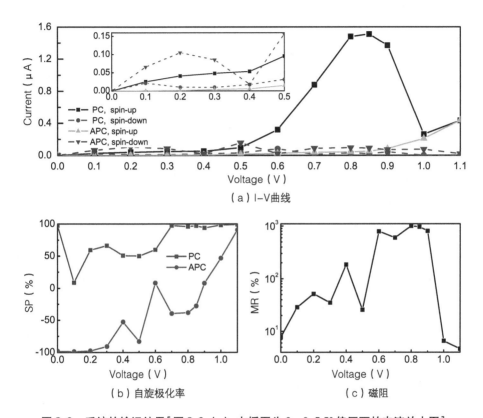

（a）I–V曲线

（b）自旋极化率　　　　　　　　（c）磁阻

图 8.3　系统的输运结果[图 8.3（a）中插图为 0 ~ 0.5 V 偏压下的电流放大图]

进一步得到由电流表示的非零偏压下磁阻计算公式

$$MR(\%) = \left| \frac{I_{PC} - I_{APC}}{I_{APC}} \right| \times 100 \qquad (8-2)$$

和零偏压下由输运系数表示的磁阻计算公式

$$MR(\%) = \left| \frac{(T_{AP-up} + T_{A\,P-down})^{-1} - (T_{P-up} + T_{P-down})^{-1}}{(T_{P-up} + T_{P-down})^{-1}} \right| \times 100_{\circ} \quad (8-3)$$

磁阻随偏压的关系变化曲线如图 8.3（c）所示。从图中可看出，磁阻最大值可在 0.8 V 偏压时高达 $10^3\%$，此值远大于传统自旋阀（$10^2\%$）[277-278]。如此大的磁阻效应来源于器件对自旋电子的选择性输出，因此，此器件可作为理想的自旋阀。

考虑到在 PC 态 0.7 V 偏压下和在 APC 态 0.2 V 偏压下具有最高的 SP，在图 8.4 中，我们分别给出了相应的输运谱和自旋相关的 LDOS。根据 Landauer-Büttiker 公式，即式（3-27），偏压窗内输运谱的积分面积越大意味着电流越大。如图 8.4（a）所示，在 PC 态中，尽管在费米能级附近自旋向上和自旋向下的输运值几乎为零，但由于在 0.35 eV 处自旋向上的大的输运峰，偏压窗内自旋向上输运谱的积分面积远大于自旋向下的积分面积，导致完美的自旋过滤效应。为了研究此输运机制的起源，我们在图 8.4（c）至图 8.4（f）中绘制了自旋相关的 LDOS。可以看出，费米能级处自旋向上或自旋向下的电子云都只局域在两个电极上。因此，费米能级处的输运值小到可以忽略不计。在 0.35 eV 能级处，自旋向上的电子云位于整个 Mn（dmit）$_2$ 分子上，因此自旋向上的电子可以顺利地在散射区传输，而自旋向下的电子云只局域于散射区的左侧，因此自旋向下的电子传输被抑制。对于 APC 态，费米能级附近相对较大的自旋下降输运峰，导致 0.2 V 偏压窗内自旋向下的输运谱的积分面积大于自旋向上的输运谱，

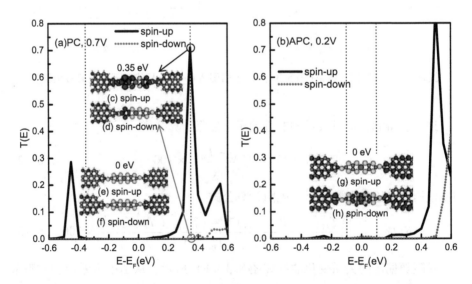

图 8.4　输运谱和 LDOS［图 8.4（a）：PC 态 0.7 V 偏压下的输运谱；图 8.4（b）：APC 态 0.2 V 偏压下的输运谱；图 8.4（c）至图 8.4（h）：对应能级处自旋相关的 LDOS］

因此具有较大的自旋向下的电流。费米能级处的自旋相关的 LDOS 也支持这一结果［图 8.4（g）和图 8.4（h）］，即自旋向下的电子被传输，但自旋向上的电子被抑制。

同时，我们从 I-V 曲线上也观察到了 NDR。在 PC 态，自旋向上电流在偏压 0.5 V 以后增大，0.85 V 时达到最大值后迅速减小直到 1.0 V，PVR 大约为 5.73。因此，此器件可以用作电子放大器、逻辑门或超快转换器等[279-280]。为了研究 NDR，图 8.5 绘制了自旋相关的输运谱与电子能和偏压的函数关系。对于低偏压范围内的 4 种磁态，输运谱的导带分别位于远离费米能级的位置，并且几乎没有任何输运谱位于偏压窗中，导致输运电流很小。然而，通过比较图 8.5（a）至图 8.5（d），当偏压高于 0.5 V 时，PC 中自旋向上的输运谱的导带进入偏压窗并带来更多的传输通道，导致自旋向上的电流急剧增大，直到 0.8 V［图 8.5（a）］。此后，输运的减少，自旋向上的电流减少，这就是为什么 I-V 曲线中在 PC 态自旋向上的电流可以观察到明显的 NDR。

8.1.2 基于单分子磁体 Mn（dmit）₂和黑磷烯纳米带电极的自旋电子学器件

基于单分子磁体 Mn（dmit）₂，分别设计两种以 ZPNRs 为电极的一维双电极输运器件（图 8.6）。通过非平衡的自洽计算，将这两种器件（M1 和 M2）的输运性质与上述以石墨烯为电极的器件进行对比。

利用第一性原理和非平衡态格林函数方法，我们研究了不加外电场时 M1 和 M2 的输运谱，以及在费米面上自旋向上和自旋向下两通道的 LDOS（图 8.7）。无论是 M1 还是 M2，其输运谱都是自旋极化的。费米面附近，M1 自旋向下的输运谱具有一个输运峰，而自旋向上的输运系数几乎为零，因此费米面附近自旋向下的输运系数大于自旋向上。输运系数大小的区别也可以进一步从费米能级处的 LDOS 得到验证。从图 8.7（c）和图 8.7（d）可以看出，对于 M1，自旋向上的 LDOS 在 Mn（dmit）₂分子上几乎消失，因此几乎没有自旋向上的输运通道，而自旋向下的 LDOS 退局域到整个 Mn（dmit）₂分子，

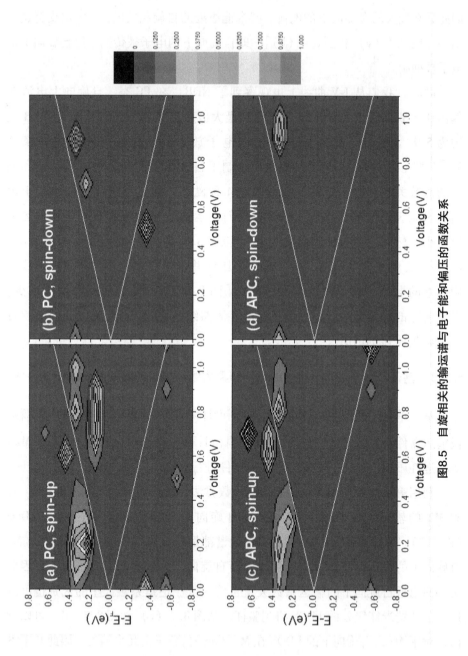

图8.5 自旋相关的输运谱与电子能和偏压的函数关系

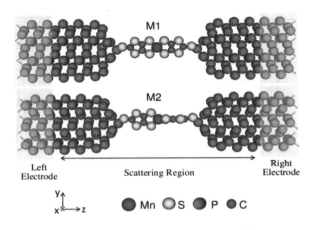

图 8.6   两种以 ZPNRs 为电极的输运器件

在散射区从中心到两边逐渐减小，意味着此器件对自旋向下的电子具有很好的传输能力。而 M2 则正好相反，图 8.7（b）中的输运谱和图 8.7（e）至图 8.7（f）中的 LDOS 都表明，器件 M2 对自旋向上的电子具有更好的传输能力。

接下来我们外加正向偏压（0~0.6 V），分别得到了 M1 和 M2 的 I-V 曲线，如图 8.8（a）和图 8.8（b）所示。M1 和 M2 电流均表现出典型的自旋过滤效应。在考察偏压范围内，M1 自旋向下的电流远大于自旋向上的电流，而 0~0.26 V，M2 自旋向上的电流明显大于自旋向下的电流。图 8.8（c）的 SP 显示，M1 的 SP 绝对值在较大的低偏压范围［0，0.44 V］内接近 100%，M2 的 SP 在低偏压范围［0，0.2 V］内也接近 100%。这个结果预示着这两种器件在低偏压范围具有很好的自旋过滤效应。

为了进一步理解上述的自旋输运行为，鉴于 MPSH 本征态的空间分布是分子电子输运性质的良好指标，表 8.1 分别给出了两个系统 HOMO 和 LUMO 的 MPSH 本征态。可以看到 M1 和 M2 的 HOMO 的本征值都是 −0.17 eV，远离费米能级，对应的本征态都不在 Mn（dmit）₂分子上具有空间分布，表明此能级对电子输运没有贡献。此外，M1 的自旋向上的 LUMO 和 M2 的自旋向下

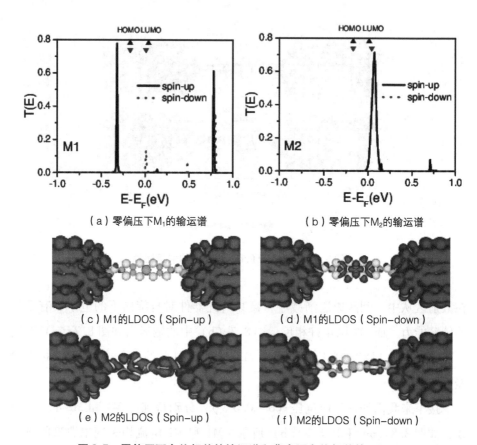

（a）零偏压下M₁的输运谱　　　　　　（b）零偏压下M₂的输运谱

（c）M1的LDOS（Spin-up）　　　　　　（d）M1的LDOS（Spin-down）

（e）M2的LDOS（Spin-up）　　　　　　（f）M2的LDOS（Spin-down）

图8.7　零偏压下自旋相关的输运谱和费米面自旋相关的LDOS

的 LUMO 的本征值均为 0.04 eV。而 M1 相应的自旋向上的 LUMO 本征态在
Mn（dmit）₂ 分子上几乎没有空间分布，M2 自旋向下的 LUMO 本征态仅分布
于 Mn（dmit）₂ 分子的左侧 dmit，意味着这两个能级对自旋向上或自旋向下的
电子输运同样没有贡献。相反，M1（M2）的自旋向下（自旋向上）LUMO 能
级（$E=0.01$ eV）比自旋向上（自旋向下）LUMO 能级更接近费米面，且其
对应的本征态退局域到整个 Mn（dmit）₂ 分子。意味着在 M1（M2）中，自旋
向下（自旋向上）的电子从 HOMO 到 LUMO 的跃迁更容易，所需的能量更
少，这解释了在 M1（M2）中低偏压范围内，为什么自旋向下（自旋向上）

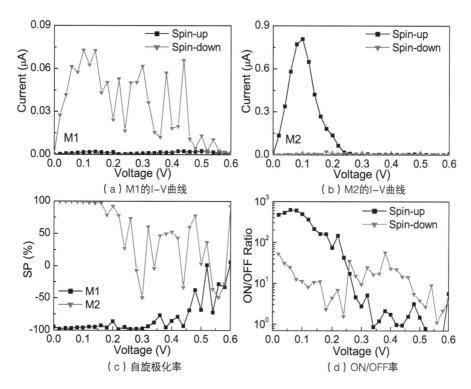

（a）M1的I–V曲线　　　　　（b）M2的I–V曲线

（c）自旋极化率　　　　　（d）ON/OFF率

图 8.8　器件 M1 和 M2 的输运结果

的电流远高于自旋向上（自旋向下）的电流。

　　根据 M1 和 M2 自旋电流大小的特点，可以考虑通过调节 Mn（dmit）₂分子的平面实现对自旋电流的控制。当 Mn（dmit）₂面与电极共面时（M1 系统），自旋向下（自旋向上）电流处于 ON（OFF）；相反，当 Mn（dmit）₂分子的右侧垂直于电极时（M2 系统），自旋向上（自旋向下）电流处于 ON（OFF）。我们计算了器件从 M1 调节到 M2 时，自旋极化电流的 ON/OFF 率随着偏压的变化，如图 8.8（d）所示。在低偏压范围 [0.0，0.2 V]，自旋向上电流的 ON/OFF 率高达 10^2 以上，此后随着偏压升高降低。最高 ON/OFF 率在 0.06 V 高达 6.0×10^2。另外，自旋向下电流的 ON/OFF 率在 0.38 V 达到 0.5×10^2。意味着此器件可以作为自旋转换器。而 Au[281–282]或前述的 ZGNR 电极的器件没有自旋转换作用。

表 8.1　HOMO 和 LUMO 的 MPSH 本征态

	HOMO	LUMO
M1 Spin-up		
M1 Spin-down		
M2 Spin-up		
M2 Spin-down		

类似于上述以石墨烯为电极的器件，我们从 M1 和 M2 的 I-V 曲线上也观察到了 NDR，尤其是在 0.1～0.26 V 时 M2 的 PC 态，PVR 高达 3.7×10^2。与前述器件相比（0.85～1.00 V，PVR 为 5.73），发生 NDR 的偏压更低，PVR 却更高。而金电极的类似器件则没有发现 NDR[281]。因此以黑磷烯为电极的这种器件用作电子放大器、逻辑门或超快转换器等电子器件时能耗更低。

从自旋相关的输运谱与电子能和偏压的函数关系来看，对于低偏压范围内的 4 种磁态，输运谱的导带分别位于远离费米能级的位置，并且几乎没有任何输运谱位于偏压窗中，输运电流很小（图 8.9）。然而，通过图 8.9 可以观察到，当偏压高于 0.5 V 时，图 8.9（a）所示的 PC 中的自旋向上的输运谱的导带进入偏压窗并带来更多的传输通道，导致自旋向上的电流急剧增大，直到 0.8 V［图 8.8（a）］。此后，由于输运通道的减少，自旋向上的电流减小。这就是为什么在 PC 态自旋向上的 I-V 曲线中可以观察到明显的 NDR。对

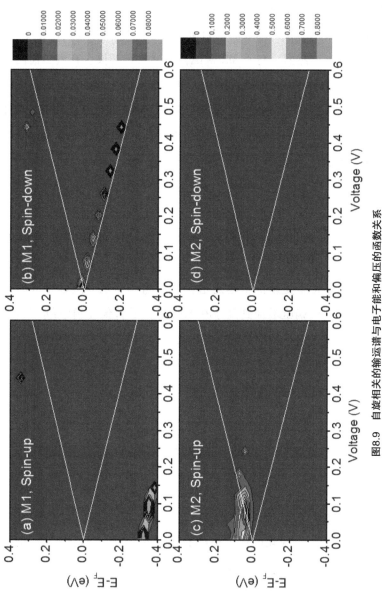

图8.9 自旋相关的输运谱与电子能和偏压的函数关系

于 M1，整个偏压窗内几乎没有自旋向上的输运谱，从而抑制了自旋向上的电流。图 8.9（b）中自旋向下通道，0~0.46 V 偏压范围内具有不连续的较大的输运谱，导致相对较大的震荡的自旋向下的电流。因此，产生了具有高 SP 的自旋过滤效应。然而，对于 M2 来说，情况大致相反。在偏压窗内，自旋向下的输运谱非常小，而在偏压范围 [0，0.26 V] 内，有明显的自旋向上的输运谱，导致了小的自旋向上的电流和大的自旋向下的电流，使 M2 器件在低偏压范围内也成为良好的自旋滤波器。其次，M1（M2）在整个偏压窗内具有非常小的自旋向上（自旋向下）的输运谱，而 M2（M1）在低偏压范围 [0，0.26 V]（[0，0.46 V]）内相应的输运谱较大，导致 M1（M2）较小的自旋向上的电流和 M2（M1）较大的自旋向下的电流，因此出现了低偏压下的自旋开关效应。最后，我们分析了 M2 自旋向上电流中观察到的 NDR 效应的起源。从图 8.9（c）可以发现，当施加正偏压电压时，更多的自旋向上的输运谱进入偏压窗，带来更多的传输通道，从而当偏压从 0 逐渐增大时，电流明显增强。然而，当偏压增加到高于 0.1 V 时，尽管偏压窗继续扩大，但偏压窗内的自旋向上传输系数明显降低。因此，M2 的自旋向上的电流在从零增加到其在 0.1 V 处的峰值后减小。当偏压达到 0.26 V 时，输运谱几乎为零，相应地，自旋向上的电流取得最小值。

8.2　FeN_4分子嵌入扶手椅型石墨烯纳米带的自旋电子学器件

研究已经证实，当 ZGNRs 的边缘被氢原子钝化时（ZGNR-H），其具有 AFM 的绝缘基态，而氢化的扶手椅型石墨烯纳米带（AGNR-H）是一种非磁性半导体。为了探索 AGNRs 在自旋电子学领域的应用，科学家们已经通过许多方法来改变其电磁性质，如掺杂、边缘修饰、应变等。其中，替代掺杂是最常用的方法之一。考虑到 N 原子半径与 C 原子相近，N 是石墨烯最常用的掺杂元素之一。研究[283-284]表明，通过引入 N 掺杂，费米面附近的杂质带可成功地将 AGNRs 由半导体转变为金属。

此外，通过化学气相沉积工艺，实验上已成功实现了在石墨烯中掺入氮配位过渡金属配合物（如 FeN$_4$）。理论预测，FeN$_4$ 嵌入的石墨烯具有长程的铁磁序[269]，研究人员已经预测由 FeN$_4$ 嵌入的碳纳米管可作为磁阻器件[270, 285]。这意味着配合物 FeN$_4$ 掺入的石墨烯在自旋电子学中具有潜在的应用价值。掺入 FeN$_4$ 的 AGNR 能否呈现出有趣的电磁特性并应用于自旋电子学器件？本节利用掺杂的手段，通过将 FeN$_4$ 分子嵌入 AGNR-H，以及利用氮掺杂的石墨烯纳米带电极，构造出一种新型的自旋电子学器件，并采用非平衡格林函数方法结合 DFT 来研究其自旋输运性质。我们在 PC 和 APC 配置中同时观察到高自旋极化和稳定的 NDR 效应。这些发现表明，嵌入 FeN$_4$ 的 AGNR 可以用作多功能自旋电子学器件。

8.2.1 模型构建

我们构造的模型如图 8.10 所示。N 掺杂的 7 个宽度的 AGNRs 作为左右半无限电极，中心区由两个 FeN$_4$ 掺入相同宽度的 AGNRs 及电极的扩展区域组成。为了避免悬挂键，同时考虑结构的稳定性，边缘原子都用 H 原子钝化。分别在 x 和 y 方向上添加了超过 12 Å 的真空，以避免电荷之间的相互作用。由于此器件的散射区中存在两个 FeN$_4$ 分子，理论上 Fe 原子的自旋方向可以通过外部磁场独立调控。此器件的磁化配置可以设置为 PC 态（两个 Fe 原子的自旋取向都向上，表示为↑↑）和 APC 态（一个 Fe 原子的自旋取向向上，另一个向下，表示为↑↓）。

8.2.2 输运性质

图 8.11（a）和图 8.11（b）给出了没有任何外场的 PC 和 APC 态的输运谱。很明显，在 PC 态中，输运谱是自旋极化的，并且在费米能级附近，自旋向上和自旋向下的输运谱明显不同。自旋向下的输运谱在费米能级附近有一个显著的透射峰，而自旋向上的输运系数在费米能级处几乎为零。此差异可

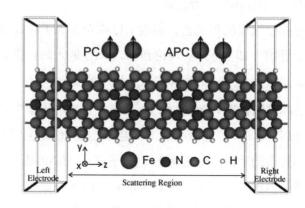

图 8.10　FeN₄ 分子嵌入 AGNR-H 构造的输运系统

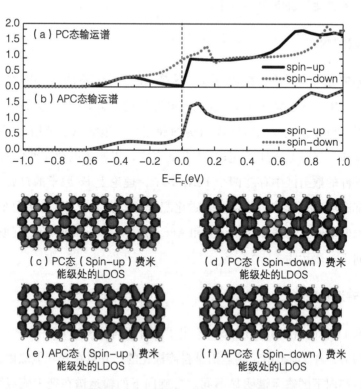

图 8.11　零偏压下自旋相关的输运谱和费米能级处的 LDOS

以用费米能级处的 LDOS 来解释，如图 8.11（c）和图 8.11（d）所示，自旋向下的 LDOS 退局域在整个散射区，为电子提供了传输通道。自旋向上的 LDOS 只局域在单个原子上，意味着自旋向上电子的输运通道几乎被阻塞。为了量化在 PC 态中费米能级附近器件的自旋过滤效应，我们根据式（6-2）计算了其零偏压下的 SP。得到的 SP 高达 92%，说明此器件 PC 态是一种较好的自旋过滤器。另外，APC 态的自旋向上和自旋向下透射光谱几乎重叠在一起，并且它们都在费米能级附近具有较大的输运峰。然而，费米能级附近 LDOS 的分布存在一些差异，如图 8.11（e）和图 8.11（f）所示。自旋向上的 LDOS 在散射区的右侧部分分布更大，而自旋向下的 LDOS 情况相反，两者都可以为各自的自旋电子提供输运通道。

接下来运用密度泛函理论结合非平衡态格林函数方法，实现对这种新型器件的非平衡的自洽计算，研究其外加偏压下的输运性质。图 8.12 给出了不同磁化配置的自旋相关的 I-V 曲线。从 I-V 曲线来看，在 PC 态和 APC 态中都可以发现明显的自旋极化。由式（6-1）计算得到，在 PC 态，由于较大的自旋向下的电流，当偏压低于 0.7 V 时，SP 为正，并且在偏压范围［0.1 V，0.5 V］内，该值一直高于 70%。当偏压高于 0.7 V 时，由于自旋向下的电流小于自旋向上的电流，SP 变为负值。在 APC 态，SP 在我们研究的偏压范围内总是正的。在低于 0.6 V 的偏压下，SP 单调增加，高于 0.6 V 时，SP 震荡增大。在 0.8 V 的偏压下，SP 最大值高于 50%。因此，此器件 PC 态和 APC 态都具有较好的自旋极化效应，而作为自旋过滤器，PC 态具有更好的性能。

基于以上分析，无论是对于 PC 态还是 APC 态，当偏压从零逐渐增加时，自旋向下的电流通常都大于自旋向上的电流，这正是在较大的低偏压范围内具有正的 SP［图 8.12（b）］的原因。分子轨道偏压相关的能级可以为电子隧穿提供传输通道，从而产生电流。因此，为了研究上述电流行为的起源，图 8.13 分别显示 PC 态和 APC 态下费米面附近分子轨道随着偏压的变化，以及 LUMO-HOMO 能隙随偏压的变化。首先，对于 PC 态，从图 8.13（a）和图 8.13（b）中我们可以看到自旋向上和自旋向下分子轨道之间有以下明显差

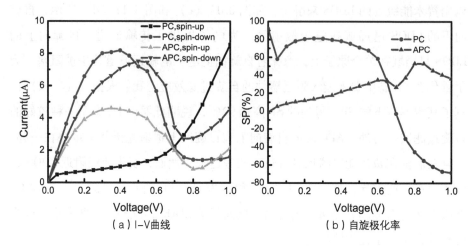

（a）I-V曲线　　　　　　　（b）自旋极化率

图 8.12　I-V 曲线和自旋极化率

异：①自旋向下的 LUMO 和 HOMO 都分别比自旋向上的 LUMO 和 HOMO 更接近费米能级；②随着偏压的增加，更多的自旋向下的分子轨道进入偏压窗；③从图 8.13（e）中可以看出，自旋向下的 LUMO-HOMO 间隙只有 0.1 eV 左右，而自旋向上的能隙高于 0.4 eV，即自旋向下的能隙远小于自旋向上的能隙。这表明，自旋向下的电子更容易在器件内部传输。因此，PC 态下在较大的偏压范围内具有较大的自旋向下的电流。而对于 APC 态，从图 8.13（c）和图 8.13（d）中可以看到自旋向上和自旋向下的分子轨道的分布是相似的。随着偏压的增加，更多的分子轨道进入偏压窗。但 LUMO-HOMO 能隙的情况不同，如图 8.13（f）所示，尽管在零偏压下两个自旋通道的能隙相等，但随着偏压的增加，自旋向下的能隙明显小于自旋向上的能隙，因此自旋向下的电子具有更多的输运通道，导致更大的自旋下降的电流。当偏压大于 0.55 V 时，尽管自旋向下的能隙变大，自旋向上的能隙变小，但因为有其他的分子轨道进入了偏压窗口，提供了新的输运通道，因此自旋向下的电流仍然较大。

此外，从不同磁态的自旋相关的 I-V 曲线中，我们还可以发现有趣的 NDR 存在于 PC 态和 APC 态的自旋向下、APC 态的自旋向上的 I-V 曲线。其中，PC 态下的自旋向下电流的 NDR 最显著，PVR 高达约 580%。为了彻底研

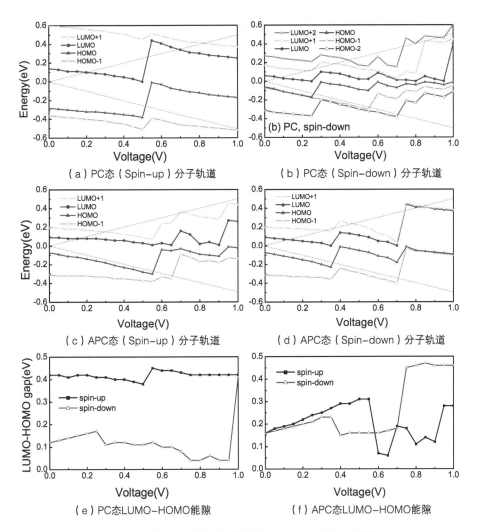

（a）PC态（Spin-up）分子轨道　　　（b）PC态（Spin-down）分子轨道

（c）APC态（Spin-up）分子轨道　　　（d）APC态（Spin-down）分子轨道

（e）PC态LUMO-HOMO能隙　　　（f）APC态LUMO-HOMO能隙

图 8.13　费米面附近分子轨道和 LUMO-HOMO 能隙

究 NDR 效应的起源，图 8.14 分别显示了在 4 种不同偏压下 PC 态和 APC 态的自旋相关的输运谱。鉴于输运峰的位置通常由分子轨道的能级决定，MPSH 本征值也在图 8.14 中给出。图 8.14（a）中，外加 0.2 V 偏压下，PC 态自旋向下的 MPSH 本征值中只有 LUMO 位于的偏压窗口中，并在费米面附近产生了

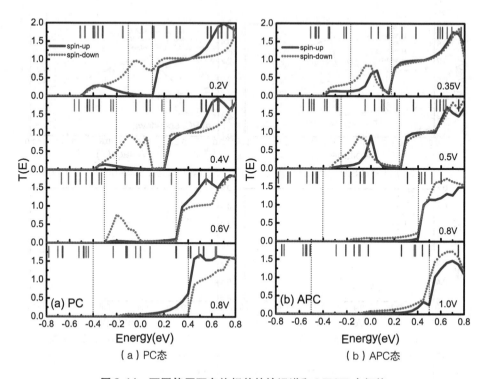

（a）PC态　　　　　　　　　　（b）APC态

图8.14　不同偏压下自旋相关的输运谱和 MPSH 本征值

较大的输运峰。当偏压增大到 0.4 V 时，随着偏压窗口（－V/2～V/2）扩大，LUMO 和 HOMO 都进入偏压窗，费米面附近的输运峰一分为二。因此，偏压窗内的输运谱积分面积显著扩大，意味此偏压下较大的自旋向下的电流。正如图 8.12（a）所示，PC 态的自旋向下的电流在 0.4 V 时达到最大值。然而，随着偏压的进一步增大，如在偏压 0.6 V 时，费米面附近的输运峰明显减小，导致自旋向下电流的减小，由此出现 NDR 效应。极端的是，当偏压达到 0.8 V 时，电流会陷入最小值，因为 LUMO 和 HOMO 产生的输运峰会退化甚至消失，并且没有其他分子轨道进入偏压窗口引起新的输运峰。而对于自旋向上的输运谱，情况则不同。由于大的 LUMO-HOMO 能隙，费米面附近的输运谱一直是低而平坦的。随着偏压窗的增大，输运谱的积分面积略有增加。因此，当偏压从 0 V 到 0.6 V 时，自旋向上的电流缓慢增加。当偏压增大到

0.8 V 时，新的能级进入偏压窗，电流开始快速增加。这就是为什么在 PC 态自旋向上的电流中没有观察到 NDR 效应。

APC 态电流的 NDR 效应也可以进行类似的解释。从图 8.14（b）中可以看出，在 0.35 V 偏压下，自旋向上和向下的输运谱在偏压窗内都有一个大的输运峰，这源于分子轨道 LUMO。当偏压达到 0.5 V 时，自旋向上的输运峰变得更加局部化，因此偏压窗内的输运谱的积分面积减小，自旋向上的电流开始减小，产生 NDR。而 0.5 V 偏压时自旋向下的输运峰在增高的同时，偏压窗增大，引起输运谱的积分面积在偏压窗口内扩大，从而导致自旋向下电流的增加。随着偏压的进一步增大，费米面附近的自旋向上和自旋向下的输运峰都收缩到较低且平坦，因此电流减小。极端的情况是，当偏压为 0.8 V 时，输运峰几乎消失，因此电流落入低谷。此后，随着偏压的进一步增加，由于更高能级的分子轨道贡献的输运谱进入偏压窗，自旋向上和自旋向下的电流都再次增大。

8.3 本章小结

本章我们运用密度泛函理论结合非平衡态格林函数方法，实现了对几种新型器件的非平衡的自洽计算，研究了其外加偏压下的输运性质。主要做了以下两方面的工作。一方面，分别基于单分子磁体 Mn（dmit）₂和石墨烯、黑磷烯纳米带，我们构造了两类新型的自旋电子学器件，并运用密度泛函理论结合非平衡态格林函数方法，实现了对这两种新型器件的非平衡的自洽计算，研究了其外加偏压下的输运性质。计算结果表明，虽然散射区的分子相同，电极的不同输运器件表现出不同的输运特性。Mn（dmit）₂–石墨烯输运器件一定偏压范围内表现出良好的自旋过滤效应和 NDR，也具有高达 10^3% 的磁阻效应。而 Mn（dmit）₂–黑磷烯输运器件则表现出自旋过滤、自旋转换效应和更低偏压下的 NDR，ON/OFF 率最高可达 600。另一方面，通过将 FeN₄分子嵌入扶手椅型石墨烯纳米带，构造出一种新型的自旋电子学器件，并研究了其外加偏压下的输运性质。这种器件在 PC 态和 APC 态下都具有极高的 SP，因此可以用作性能优良的自旋过滤器；同时，PC 态下自旋向下的电流和 APC 态下自旋向上和向下的电流分别表现出了很强的 NDR，尤其是 PC 态下自旋向下的电流的 PVR 可达 580%。因此，我们理论预测此器件具有制备多功能自旋电子学器件的潜力，可用作高效率的自旋过滤器、倍频器和自旋超快转换器等。

参考文献

［1］ 赵成大. 固体量子化学 ［M］. 北京：高等教育出版社，1999.

［2］ 宛德福. 磁性理论及其应用 ［M］. 武汉：华中理工大学出版社，1996.

［3］ 戴道生，钱昆明. 铁磁学 ［M］. 北京：科学出版社，1987.

［4］ CRAYSTON, A. J, DEVINE J N, et al. Conceptual and synthetic strategies for the prepara-
tion of organic magnets ［J］. Tetrahedron, 2000, 40 (56): 7829 – 7856.

［5］ LANGEVIN P. Sur la théorie du magnétisme ［J］. J Phys Theor Appl, 1905, 4 (1): 678
– 693.

［6］ WEISS P. L'hypothèse du champ molèculaire et la propriètè ferromagnètique ［J］. J Phys
Theor Appl, 1907, 6 (1): 661 – 690.

［7］ HEISENBERG W. Zur theorie des ferromagnetismus ［J］. Z Physik, 1928, 49: 619 – 636.

［8］ KRAMERS H A. A new theory of mangtism ［J］. Physica, 1938, 1: 182.

［9］ ANDERSON P W. Antiferromagnetism. Theory of superexchange interaction ［J］. Phys
Rev, 1950, 79: 350 – 356.

［10］ RUDERMAN M A, KITTEL C. Indirect exchange coupling of nuclear magnetic moments by
conduction electrons ［J］. Phys Rev, 1954, 96: 99 – 102.

［11］ KASUYA T. A theory of metallic ferro-and antiferromagnetism on zener's model ［J］. Pro-
gress of theoretical physics, 1956, 16 (1): 45 – 57.

［12］ BLOCH F. Bemerkung zur elektronentheorie des ferromagnetismus und der elektrischen
leitfähigkeit ［J］. Zeitschrift für Physik, 1929, 57 (7): 545 – 555.

［13］ MOTT N F. A discussion of the transition metals on the basis of quantum mechanics ［J］.
Proceedings of the physical society, 1935, 47 (4): 571.

[14] STONER E C. Collective electron specific heat and spin paramagnetism in metals [J]. Proceedings of the Royal Society of London. Series A-Mathematical and Physical Sciences, 1936, 154 (883): 656 – 678.

[15] SLATER J C. The ferromagnetism of nickel [J]. Physical review, 1936, 49 (7): 537.

[16] MORIYA T O R, KAWABATA A. Effect of spin fluctuations on itinerant electron ferromagnetism. II [J]. Journal of the physical society of Japan, 1973, 35 (3): 669 – 676.

[17] KORSHAK Y V, OVICHINNIKOV A A, SHAPIRO A M, et al. Organic polymeric ferromagnetic [J]. JETF. Lett, 1986, 43: 309 – 311.

[18] KORSHAK Y V, MEDVEDEVA T V, OVICHINNIKOV A A, et al. Organic polymer ferromagnet [J]. Nature, 1987, 326 (6111): 370 – 372.

[19] CAO Y, WANG P, HU Z, et al. Chemical and magnetic characterization of organic ferromagnet- poly-bipo [J]. Synthetic metals, 1988, 27 (3): 625 – 630.

[20] TAMURA M, NAKAZAWA Y, SHIOMI D, et al. Bulk ferromagnetism in the β-phase crystal of the p-nitrophenyl nitronyl nitroxide radical [J]. Chemical physics letters, 1991, 186 (4): 401 – 404.

[21] NAKAZAWA Y, TAMURA M, SHIRAKAWA N, et al. Low-temperature magnetic properties of the ferromagnetic organic radical, p-nitrophenyl nitronyl nitroxide [J]. Phys Rev B, 1992, 46: 8906 – 8914.

[22] CHIARELLI R, RASSAT A, REY P. Ferromagnetic interactions in a crystalline nitroxide biradical: 1, 3, 5, 7 – tetramethyl-2, 6-diazaadamantane N, N′-dioxyl [J]. Journal of the chemical society, chemical communications, 1992 (15): 1081 – 1082.

[23] MAKAROVA T L, SUNDQVIST B, H O HNE R, et al. Magnetic carbon [J]. Nature, 2001, 413 (6857): 716 – 718.

[24] AWAGA K, INABE T, NAGASHIMA U, et al. Two-dimensional network of the ferromagnetic organic radical, 2- (4-nitrophenyl) -4, 4, 5, 5-tetramethyl-4, 5-dihydro-1H-imidazol-1-oxyl 3-N-oxide [J]. Journal of the chemical society, chemical communications, 1989 (21): 1617 – 1618.

[25] TUREK P, NOZAWA K, SHIOMI D, et al. Ferromagnetic coupling in a new phase of the p-nitrophenyl nitronyl nitroxide radical [J]. Chemical physics letters, 1991, 180 (4): 327 – 331.

[26] AWAGA K, MARUYAMA Y. Ferromagnetic and antiferromagnetic intermolecular interac-

tions of organic radicals, α nitronyl nitroxides. II [J]. The Journal of chemical physics, 1989, 91 (4): 2743 – 2747.

[27] MILLER J S, EPSTEIN A J. New higher-Tc molecular based magnets [J]. Synthetic metals, 1993, 56 (2): 3291 – 3298.

[28] PEI Y, KAHN O, SLETTEN J. Polymetallic systems with subtle spin orders [J]. Journal of the American chemical society, 1986, 108 (11): 3143 – 3145.

[29] DE GROOT R A, MUELLER F M, Van ENGEN P G, et al. New class of materials: half-metallic ferromagnets [J]. Physical review letters, 1983, 50 (25): 2024.

[30] FELSER C, FECHER G H, BALKE B. Spintronics: a challenge for materials science and solid-state chemistry [J]. Angewandte chemie international edition, 2007, 46 (5): 668 – 699.

[31] FERRAND D, MOLENKAMP L W, FILIP A T, et al. Fundamental obstacle for electrical spin injection from a ferromagnetic metal into a diffusive semiconductor [J]. Physical review B, 2000, 62 (8): R4790 – R4793.

[32] SCHMIDT G, MOLENKAMP L W. Spin injection into semiconductors, physics and experiments [J]. Semiconductor science and technology, 2002, 17 (4): 310.

[33] GEIM A K, NOVOSELOV K S, MOROZOV S V, et al. Electric field effect in atomically thin carbon films [J]. Science, 2004, 306 (5696): 666 – 669.

[34] 任尚坤, 张凤鸣, 都有为. 半金属磁性材料研究进展 [J]. 物理, 2004, 32 (12): 791 – 798.

[35] VAN LEUKEN H, De GROOT R A. Half-metallic antiferromagnets [J]. Physical review letters, 1995, 74 (7): 1171.

[36] SCHWARZ K. CrO_2 predicted as a half-metallic ferromagnet [J]. Journal of Physics F: Metal Physics, 1986, 16 (9): L211.

[37] JI Y, STRIJKERS G J, YANG F Y, et al. Determination of the spin polarization of half-metallic CrO_2 by point contact andreev reflection [J]. Physical review letters, 2001, 86 (24): 5585.

[38] COEY J M D, BERKOWITZ A E, BALCELLS L, et al. Magnetoresistance of chromium dioxide powder compacts [J]. Physical review letters, 1998, 80 (17): 3815.

[39] De TERESA J M, BARTHÉLÉMY A, FERT A, et al. Inverse tunnel magnetoresistance in

Co/SrTiO$_3$/La$_{0.7}$Sr$_{0.3}$MnO$_3$: new ideas on spin-polarized tunneling [J]. Physical review letters, 1999, 82 (21): 4288.

[40] ANDERSON P W. New approach to the theory of superexchange interactions [J]. Physical review, 1959, 115 (1): 2.

[41] PARK J, VESCOVO E, KIM H, et al. Direct evidence for a half-metallic ferromagnet [J]. Nature, 1998, 392 (6678): 794 – 796.

[42] LUO S J, YAO K L. Electronic structure of the organic half-metallic magnet 2- (4-nitrophenyl) -4, 4, 5, 5-tetramethyl-4, 5-dihydro-1H-imidazol-1-oxyl 3-N-oxide [J]. Physical review B, 2003, 67 (21): 214429.

[43] ZHU H J, RAMSTEINER M, KOSTIAL H, et al. Room-temperature spin injection from Fe into GaAs [J]. Physical review letters, 2001, 87 (1): 16601.

[44] ŽUTIĆI I, FABIAN J, SARMA S D. Spintronics: fundamentals and applications [J]. Reviews of modern physics, 2004, 76 (2): 323.

[45] SHARMA P. How to create a spin current [J]. Science, 2005, 307 (5709): 531 –533.

[46] THOMSON W. On the electro-dynamic qualities of metals: – effects of magnetization on the electric conductivity of nickel and of iron [J]. Proceedings of the royal society of London, 1857, 8: 546 –550.

[47] BAIBICH M N, BROTO J M, FERT A, et al. Giant magnetoresistance of (001) Fe/ (001) Cr magnetic superlattices [J]. Physical review letters, 1988, 61 (21): 2472.

[48] BINASCH G, GRÜNBERG P, SAURENBACH F, et al. Enhanced magnetoresistance in layered magnetic structures with antiferromagnetic interlayer exchange [J]. Physical review B, 1989, 39 (7): 4828.

[49] BALL P. Meet the spin doctors [J]. Nature, 2000, 404 (6781): 918 –920.

[50] VON HELMOLT R, WECKER J, HOLZAPFEL B, et al. Giant negative magnetoresistance in perovskitelike La$_{2/3}$Ba$_{1/3}$MnO$_x$ ferromagnetic films [J]. Physical review letters, 1993, 71 (14): 2331.

[51] JIN S, TIEFEL T H, MCCORMACK M, et al. Thousandfold change in resistivity in magnetoresistive La-Ca-Mn-O films [J]. Science, 1994, 264 (5157): 413 –415.

[52] RAO C, CHEETHAM A K, MAHESH R. Giant magnetoresistance and related properties of rare-earth manganates and other oxide systems [J]. Chemistry of materials, 1996, 8

(10): 2421 – 2432.

[53] CHEN X J, HABERMEIER H, ALMASAN C C. Percolative metal-insulator transition in La$_{0.9}$Sr$_{0.1}$MnO$_3$ ultrathin films by resistive relaxation [J]. Physical Review B, 2003, 68 (13): 132407.

[54] MOODERA J S, NASSAR J, MATHON G. Spin-tunneling in ferromagnetic junctions [J]. Annual review of materials science, 1999, 29 (1): 381 – 432.

[55] MESERVEY R, TEDROW P M. Spin-polarized electron tunneling [J]. Physics reports, 1994, 238 (4): 173 – 243.

[56] JULLIERE M. Tunneling between ferromagnetic films [J]. Physics letters A, 1975, 54 (3): 225 – 226.

[57] MAEKAWA S, GAFVERT U. Electron tunneling between ferromagnetic films [J]. Magnetics, IEEE Transactions on, 1982, 18 (2): 707 – 708.

[58] MOODERA J S, KINDER L R, WONG T M, et al. Large magnetoresistance at room temperature in ferromagnetic thin film tunnel junctions [J]. Physical review letters, 1995, 74 (16): 3273.

[59] MIYAZAKI T, TEZUKA N. Giant magnetic tunneling effect in Fe/Al$_2$O$_3$/Fe junction [J]. Journal of magnetism and magnetic materials, 1995, 139 (3): L231 – L234.

[60] WASER R, DITTMANN R, STAIKOV G, et al. Redox-based resistive switching memories-nanoionic mechanisms, prospects, and challenges [J]. Advanced materials, 2009, 21 (25-26): 2632 – 2663.

[61] PARKIN S S, KAISER C, PANCHULA A, et al. Giant tunnelling magnetoresistance at room temperature with MgO (100) tunnel barriers [J]. Nature materials, 2004, 3 (12): 862 – 867.

[62] YUASA S, FUKUSHIMA A, NAGAHAMA T, et al. High tunnel magnetoresistance at room temperature in fully epitaxial Fe/MgO/Fe tunnel junctions due to coherent spin-polarized tunneling [J]. Japanese journal of applied physics, 2004, 43 (4B): L588.

[63] YUASA S, NAGAHAMA T, FUKUSHIMA A, et al. Giant room-temperature magnetoresistance in single-crystal Fe/MgO/Fe magnetic tunnel junctions [J]. Nature materials, 2004, 3 (12): 868 – 871.

[64] KIKKAWA J M, SMORCHKOVA I P, SAMARTH N, et al. Room-temperature spin memory

in two-dimensional electron gases [J]. Science, 1997, 277 (5330): 1284 - 1287.

[65] JONKER B T, ERWIN S C, PETROU A, et al. Electrical spin injection and transport in semiconductor spintronic devices [J]. MRS bulletin, 2003, 28 (10): 740 - 748.

[66] OHNO H, CHIBA D, MATSUKURA F, et al. Electric-field control of ferromagnetism [J]. Nature, 2000, 408 (6815): 944 - 946.

[67] OHNO H. Making nonmagnetic semiconductors ferromagnetic [J]. Science, 1998, 281 (5379): 951 - 956.

[68] GUPTA J A, KNOBEL R, SAMARTH N, et al. Ultrafast manipulation of electron spin coherence [J]. Science, 2001, 292 (5526): 2458 - 2461.

[69] MALAJOVICH I, BERRY J J, SAMARTH N, et al. Persistent sourcing of coherent spins for multifunctional semiconductor spintronics [J]. Nature, 2001, 411 (6839): 770 - 772.

[70] BOLOTIN K I, SIKES K J, JIANG Z, et al. Ultrahigh electron mobility in suspended graphene [J]. Solid state communications, 2008, 146 (9): 351 - 355.

[71] MAO Y, YUAN J, ZHONG J. Density functional calculation of transition metal adatom adsorption on graphene [J]. Journal of physics: condensed matter, 2008, 20 (11): 115209.

[72] BALANDIN A A, GHOSH S, BAO W, et al. Superior thermal conductivity of single-layer graphene [J]. Nano letters, 2008, 8 (3): 902 - 907.

[73] NETO A C, GUINEA F, PERES N, et al. The electronic properties of graphene [J]. Reviews of modern physics, 2009, 81 (1): 109.

[74] CHEN C, BAO W, THEISS J, et al. Raman spectroscopy of ripple formation in suspended graphene [J]. Nano letters, 2009, 9 (12): 4172 - 4176.

[75] LI W, ZHAO M, ZHAO X, et al. Hydrogen saturation stabilizes vacancy-induced ferromagnetic ordering in graphene [J]. Physical chemistry chemical physics, 2010, 12 (41): 13699 - 13706.

[76] 耿柏松. 石墨烯的生长制备及其光电性质研究 [D]. 兰州: 兰州大学, 2012.

[77] BERGER C, SONG Z, LI X, et al. Electronic confinement and coherence in patterned epitaxial graphene [J]. Science, 2006, 312 (5777): 1191 - 1196.

[78] SON Y, COHEN M L, LOUIE S G. Energy gaps in graphene nanoribbons [J]. Physical review letters, 2006, 97 (21): 216803.

[79] DUTTA S, PATI S K. Novel properties of graphene nanoribbons: a review [J]. Journal of materials chemistry, 2010, 20 (38): 8207 – 8223.

[80] LIN Y, CONNELL J W. Advances in 2D boron nitride nanostructures: nanosheets, nanoribbons, nanomeshes, and hybrids with graphene [J]. Nanoscale, 2012, 4 (22): 6908 – 6939.

[81] OOI N, RAIRKAR A, LINDSLEY L, et al. Electronic structure and bonding in hexagonal boron nitride [J]. Journal of physics: condensed matter, 2006, 18 (1): 97.

[82] SONG X, HU J, ZENG H. Two-dimensional semiconductors: recent progress and future perspectives [J]. Journal of materials chemistry C, 2013, 1 (17): 2952 – 2969.

[83] PACILE D, MEYER J C, GIRIT C O, et al. The two-dimensional phase of boron nitride: few-atomic-layer sheets and suspended membranes [J]. Applied physics letters, 2008, 92 (13): 133107.

[84] PAN C T, NAIR R R, BANGERT U, et al. Nanoscale electron diffraction and plasmon spectroscopy of single-and few-layer boron nitride [J]. Physical review B, 2012, 85 (4): 45440.

[85] HAN W, WU L, ZHU Y, et al. Structure of chemically derived mono-and few-atomic-layer boron nitride sheets [J]. Applied physics letters, 2008, 93 (22): 223103.

[86] ZHI C, BANDO Y, TANG C, et al. Large-scale fabrication of boron nitride nanosheets and their utilization in polymeric composites with improved thermal and mechanical properties [J]. Advanced materials, 2009, 21 (28): 2889 – 2893.

[87] WANG Y, SHI Z, YIN J. Boron nitride nanosheets: large-scale exfoliation in methanesulfonic acid and their composites with polybenzimidazole [J]. Journal of materials chemistry, 2011, 21 (30): 11371 – 11377.

[88] LIN Y, WILLIAMS T V, XU T, et al. Aqueous dispersions of few-layered and monolayered hexagonal boron nitride nanosheets from sonication-assisted hydrolysis: critical role of water [J]. The journal of physical chemistry C, 2011, 115 (6): 2679 – 2685.

[89] ZENG H, ZHI C, ZHANG Z, et al. "White graphenes": boron nitride nanoribbons via boron nitride nanotube unwrapping [J]. Nano letters, 2010, 10 (12): 5049 – 5055.

[90] ERICKSON K J, GIBB A L, SINITSKII A, et al. Longitudinal splitting of boron nitride nanotubes for the facile synthesis of high quality boron nitride nanoribbons [J]. Nano let-

ters, 2011, 11 (8): 3221 – 3226.

[91] NAG A, RAIDONGIA K, HEMBRAM K P, et al. Graphene analogues of BN: novel synthesis and properties [J]. ACS nano, 2010, 4 (3): 1539 – 1544.

[92] XU S Y, MA X X, SUN M R. Synthesis of boron carbonitride films by plasma-based ion implantation [J]. Key engineering materials, 2007, 353: 1850 – 1853.

[93] DU A J, SMITH S C, LU G Q. First-principle studies of electronic structure and C-doping effect in boron nitride nanoribbon [J]. Chemical physics letters, 2007, 447 (4): 181 – 186.

[94] TOPSAKAL M, AKTÜRK E, CIRACI S. First-principles study of two-and one-dimensional honeycomb structures of boron nitride [J]. Physical review B, 2009, 79 (11): 115442.

[95] WATANABE K, TANIGUCHI T. Hexagonal boron nitride as a new ultraviolet luminescent material and its application [J]. International journal of applied ceramic technology, 2011, 8 (5): 977 – 989.

[96] WATANABE K, TANIGUCHI T, KANDA H. Direct-bandgap properties and evidence for ultraviolet lasing of hexagonal boron nitride single crystal [J]. Nature materials, 2004, 3 (6): 404 – 409.

[97] MUKHERJEE R, BHOWMICK S. Edge stabilities of hexagonal boron nitride nanoribbons: a first-principles study [J]. Journal of chemical theory and computation, 2011, 7 (3): 720 – 724.

[98] WU M, WU X, PEI Y, et al. Inorganic nanoribbons with unpassivated zigzag edges: half metallicity and edge reconstruction [J]. Nano research, 2011, 4 (2): 233 – 239.

[99] YANG L, PARK C, SON Y, et al. Quasiparticle energies and band gaps in graphene nanoribbons [J]. Physical review letters, 2007, 99 (18): 186801.

[100] NAKADA K, FUJITA M, DRESSELHAUS G, et al. Edge state in graphene ribbons: nanometer size effect and edge shape dependence [J]. Physical review B, 1996, 54 (24): 17954.

[101] PARK C, LOUIE S G. Energy gaps and stark effect in boron nitride nanoribbons [J]. Nano letters, 2008, 8 (8): 2200 – 2203.

[102] DING Y, WANG Y, NI J. The stabilities of boron nitride nanoribbons with different hydrogen-terminated edges [J]. Applied physics letters, 2009, 94 (23): 233107.

[103] ZHENG F, ZHOU G, LIU Z, et al. Half metallicity along the edge of zigzag boron nitride

nanoribbons [J]. Physical review B, 2008, 78 (20): 205415.

[104] LAI L, LU J, WANG L, et al. Magnetic properties of fully bare and half-bare boron nitride nanoribbons [J]. The journal of physical chemistry C, 2009, 113 (6): 2273 – 2276.

[105] SON Y, COHEN M L, LOUIE S G. Half-metallic graphene nanoribbons [J]. Nature, 2006, 444 (7117): 347 – 349.

[106] WU X, WU M, ZENG X C. Chemically decorated boron-nitride nanoribbons [J]. Frontiers of physics in China, 2009, 4 (3): 367 – 372.

[107] WANG Y, DING Y, NI J. Fluorination-induced half-metallicity in zigzag boron nitride nanoribbons: first-principles calculations [J]. Physical review B, 2010, 81 (19): 193407.

[108] ZHANG Z, GUO W. Energy-gap modulation of BN ribbons by transverse electric fields: first-principles calculations [J]. Physical review B, 2008, 77 (7): 75403.

[109] BARONE V, PERALTA J E. Magnetic boron nitride nanoribbons with tunable electronic properties [J]. Nano letters, 2008, 8 (8): 2210 – 2214.

[110] YAMIJALA S S, PATI S K. Electronic and magnetic properties of zigzag boron-nitride nanoribbons with even and odd-line stone-wales (5 – 7 pair) defects [J]. The journal of physical chemistry C, 2013, 117 (7): 3580 – 3594.

[111] DU A, CHEN Y, ZHU Z, et al. Dots versus antidots: computational exploration of structure, magnetism, and half-metallicity in boron-nitride nanostructures [J]. Journal of the American chemical society, 2009, 131 (47): 17354 – 17359.

[112] JIN C, LIN F, SUENAGA K, et al. Fabrication of a freestanding boron nitride single layer and its defect assignments [J]. Physical review letters, 2009, 102 (19): 195505.

[113] DUTTA S, MANNA A K, PATI S K. Intrinsic half-metallicity in modified graphene nanoribbons [J]. Physical review letters, 2009, 102 (9): 96601.

[114] DONG J C, LI H. Monoatomic layer electronics constructed by graphene and boron nitride nanoribbons [J]. The journal of physical chemistry C, 2012, 116 (32): 17259 – 17267.

[115] DING Y, WANG Y, NI J. Electronic properties of graphene nanoribbons embedded in boron nitride sheets [J]. Applied physics letters, 2009, 95 (12): 123105.

[116] DAS S, ZHANG W, DEMARTEAU M, et al. Tunable transport gap in phosphorene [J]. Nano letters, 2014, 14 (10): 5733 – 5739.

[117] JIA J, JANG S K, LAI S, et al. Plasma-treated thickness-controlled two-dimensional black phosphorus and its electronic transport properties [J]. ACS nano, 2015, 9 (9): 8729 – 8736.

[118] XIE F, FAN Z, ZHANG X, et al. Tuning of the electronic and transport properties of phosphorene nanoribbons by edge types and edge defects [J]. Organic electronics, 2017, 42: 21 – 27.

[119] LI L, YU Y, YE G J, et al. Black phosphorus field-effect transistors [J]. Nature nanotechnology, 2014, 9: 372 – 377.

[120] QIAO J, KONG X, HU Z, et al. High-mobility transport anisotropy and linear dichroism in few-layer black phosphorus [J]. Nature communications, 2014, 5: 1 – 7.

[121] LU W, NAN H, HONG J, et al. Plasma-assisted fabrication of monolayer phosphorene and its raman characterization [J]. Nano research, 2014, 7: 853 – 859.

[122] REICH E S. Phosphorene excites materials scientists [J]. Nature, 2014, 506 (7486): 19.

[123] LI L, KIM J, JIN C, et al. Direct observation of the layer-dependent electronic structure in phosphorene [J]. Nature nanotechnology, 2017, 12 (1): 21 – 25.

[124] LIU H, NEAL A T, ZHU Z, et al. Phosphorene: an unexplored 2D semiconductor with a high hole mobility [J]. ACS nano, 2014, 8 (4): 4033 – 4041.

[125] FENG J, LI G, MENG X, et al. Computationally predicting spin semiconductors and half metals from doped phosphorene monolayers [J]. Frontiers of physics, 2019, 14: 1 – 7.

[126] LIU D, SHI Y, TAO L, et al. First-principles study of methanol adsorption on heteroatom-doped phosphorene [J]. Chinese chemical letters, 2019, 30 (1): 207 – 210.

[127] LI W, ZHANG G, ZHANG Y. Electronic properties of edge-hydrogenated phosphorene nanoribbons: a first-principles study [J]. The journal of physical chemistry C, 2014, 118 (38): 22368 – 22372.

[128] DURAJSKI A P, GRUSZKA K M, NIEGODAJEW P L. First-principles study of a substitutionally doped phosphorene as anode material for Na-ion batteries [J]. Applied surface science, 2020, 532: 147377.

[129] LIU N, LIU J B, WANG S L, et al. Electronic and transport properties of zigzag phosphorene nanoribbons doped with ordered Si atoms [J]. Physics letters A, 2020, 384

(6): 126127.

[130] ZHU Z, LI C, YU W, et al. Magnetism of zigzag edge phosphorene nanoribbons [J]. Applied physics letters, 2014, 105 (11).

[131] LIU N, ZHU H, FENG Y, et al. Tuning of the electronic structures and spin-dependent transport properties of phosphorene nanoribbons by vanadium substitutional doping [J]. Physica E: low-dimensional systems and nanostructures, 2022, 138: 115067.

[132] JIANG J, PARK H S. Mechanical properties of single-layer black phosphorus [J]. Journal of physics D: applied physics, 2014, 47 (38): 385304.

[133] SORKIN V, ZHANG Y W. The structure and elastic properties of phosphorene edges [J]. Nanotechnology, 2015, 26 (23): 235707.

[134] ZHANG J L, ZHAO S, HAN C, et al. Epitaxial growth of single layer blue phosphorus: a new phase of two-dimensional phosphorus [J]. Nano letters, 2016, 16 (8): 4903 – 4908.

[135] GHOSH B, NAHAS S, BHOWMICK S, et al. Electric field induced gap modification in ultrathin blue phosphorus [J]. Physical review B, 2015, 91 (11): 115433.

[136] ZHU L, WANG S, GUAN S, et al. Blue phosphorene oxide: strain-tunable quantum phase transitions and novel 2D emergent fermions [J]. Nano letters, 2016, 16 (10): 6548 – 6554.

[137] XIE J, SI M S, YANG D Z, et al. A theoretical study of blue phosphorene nanoribbons based on first-principles calculations [J]. Journal of applied physics, 2014, 116 (7).

[138] ZHU S, YIP C, PENG S, et al. Half-metallic and magnetic semiconducting behaviors of metal-doped blue phosphorus nanoribbons from first-principles calculations [J]. Physical chemistry chemical physics, 2018, 20 (11): 7635 – 7642.

[139] ZHU S, PENG S, WU K, et al. Negative differential resistance, perfect spin-filtering effect and tunnel magnetoresistance in vanadium-doped zigzag blue phosphorus nanoribbons [J]. Physical chemistry chemical physics, 2018, 20 (32): 21105 – 21112.

[140] ZHANG S, YAN Z, LI Y, et al. Atomically thin arsenene and antimonene: semimetal-semiconductor and indirect-direct band-gap transitions [J]. Angewandte chemie, 2015, 127: 3155 – 3158.

[141] BAIG N, KAMMAKAKAM I, FALATH W. Nanomaterials: a review of synthesis methods, properties, recent progress, and challenges [J]. Materials advances, 2021, 2 (6): 1821 – 1871.

[142] KAMAL C, EZAWA M. Arsenene：Two-dimensional buckled and puckered honeycomb arsenic systems [J]. Physical review B, 2015, 91 (8)：85423.

[143] ZHANG Z, XIE J, YANG D, et al. Manifestation of unexpected semiconducting properties in few-layer orthorhombic arsenene [J]. Applied physics express, 2015, 8 (5)：55201.

[144] BENAVENTE ESPINOSA E, SANTA ANA M I A A, MENDIZ A BAL EMALD I A F, et al. Intercalation chemistry of molybdenum disulfide [J]. 2002.

[145] WANG Q H, KALANTAR-ZADEH K, KIS A, et al. Electronics and optoelectronics of two-dimensional transition metal dichalcogenides [J]. Nature nanotechnology, 2012, 7 (11)：699 – 712.

[146] 黄宗玉. 类石墨烯二硫化钼的第一性原理研究 [D]. 湘潭：湘潭大学, 2015.

[147] 刘宗民. 类石墨烯体系电子结构和磁电效应的第一性原理研究 [D]. 上海：复旦大学, 2015.

[148] RADISAVLJEVIC B, RADENOVIC A, BRIVIO J, et al. Single-layer MoS2 transistors [J]. Nature nanotechnology, 2011, 6 (3)：147 – 150.

[149] SMITH R J, KING P J, LOTYA M, et al. Large-scale exfoliation of inorganic layered compounds in aqueous surfactant solutions [J]. Advanced materials, 2011, 23 (34)：3944 – 3948.

[150] 谢希德, 陆栋. 固体能带理论 [M]. 上海：复旦大学出版社, 1998.

[151] 李正中. 固体理论 [M]. 北京：高等教育出版社, 1985.

[152] NAGY Á. Density functional. Theory and application to atoms and molecules [J]. Physics reports, 1998, 298 (1)：1 – 79.

[153] HOHENBERG P, KOHN W. Inhomogeneous electron gas [J]. Physical review, 1964, 136 (3B)：B864.

[154] KOHN W, SHAM L J. Self-consistent equations including exchange and correlation effects [J]. Physical review, 1965, 140 (4A)：A1133.

[155] HERMAN F, VAN DYKE J P, ORTENBURGER I B. Improved statistical exchange approximation for inhomogeneous many-electron systems [J]. Physical review letters, 1969, 22 (16)：807.

[156] BECKE A D. Density-functional exchange-energy approximation with correct asymptotic behavior [J]. Physical review A, 1988, 38 (6)：3098.

[157] SLATER J C. A simplification of the hartree-fock method [J]. Physical review, 1951, 81 (3): 385.

[158] CEPERLEY D M, ALDER B J. Ground state of the electron gas by a stochastic method [J]. Physical review letters, 1980, 45 (7): 566.

[159] BLAHA P, SCHWARZ K, SORANTIN P, et al. Full-potential, linearized augmented plane wave programs for crystalline systems [J]. Computer physics communications, 1990, 59 (2): 399 – 415.

[160] BLAHA P, SCHWARZ K, MADSEN G K, et al. Wien2k: an augmented plane wave + local orbitals program for calculating crystal properties [J]. Nature, 2001, 60 (1).

[161] PETERSEN M, WAGNER F, HUFNAGEL L, et al. Improving the efficiency of FP-LAPW calculations [J]. Computer physics communications, 2000, 126 (3): 294 – 309.

[162] MADSEN G K, BLAHA P, SCHWARZ K, et al. Efficient linearization of the augmented plane-wave method [J]. Physical review B, 2001, 64 (19): 195134.

[163] B U TTIKER M, IMRY Y, LANDAUER R, et al. Generalized many-channel conductance formula with application to small rings [J]. Physical review B, 1985, 31 (10): 6207.

[164] CI L, SONG L, JIN C, et al. Atomic layers of hybridized boron nitride and graphene domains [J]. Nature materials, 2010, 9 (5): 430 – 435.

[165] WEI X, WANG M, BANDO Y, et al. Electron-beam-induced substitutional carbon doping of boron nitride nanosheets, nanoribbons, and nanotubes [J]. ACS nano, 2011, 5 (4): 2916 – 2922.

[166] ANGIZI S, ALEM S A A, AZAR M H, et al. A comprehensive review on planar boron nitride nanomaterials: from 2D nanosheets towards 0D quantum dots [J]. Progress in materials science, 2022, 124: 100884.

[167] BEHESHTIAN J, SADEGHI A, NEEK-AMAL M, et al. Induced polarization and electronic properties of carbon-doped boron nitride nanoribbons [J]. Physical review B, 2012, 86 (19): 195433.

[168] TANG S, CAO Z. Carbon-doped zigzag boron nitride nanoribbons with widely tunable electronic and magnetic properties: insight from density functional calculations [J]. Physical chemistry chemical physics, 2010, 12 (10): 2313 – 2320.

[169] SONG L L, ZHENG X H, HAO H, et al. Tuning the electronic and magnetic properties in

zigzag boron nitride nanoribbons with carbon dopants ［J］. Computational materials science, 2014, 81: 551 –555.

［170］ ESAKI L. New phenomenon in narrow germanium p-n junctions ［J］. Physical review, 1958, 109 (2): 603.

［171］ CHEN J, REED M A, RAWLETT A M, et al. Large on-off ratios and negative differential resistance in a molecular electronic device ［J］. Science, 1999, 286 (5444): 1550 –1552.

［172］ CHEN J, WANG W, REED M A, et al. Room-temperature negative differential resistance in nanoscale molecular junctions ［J］. Applied physics letters, 2000, 77 (8): 1224 – 1226.

［173］ KRATOCHVILOVA I, KOCIRIK M, ZAMBOVA A, et al. Room temperature negative differential resistance in molecular nanowires ［J］. Journal of materials chemistry, 2002, 12 (10): 2927 –2930.

［174］ GROBIS M, WACHOWIAK A, YAMACHIKA R, et al. Tuning negative differential resistance in a molecular film ［J］. Applied physics letters, 2005, 86 (20): 204102.

［175］ ZU F, LIU Z, YAO K, et al. Large negative differential resistance and rectifying behaviors in isolated thiophene nanowire devices ［J］. The journal of chemical physics, 2013, 138 (15): 154707.

［176］ SEMINARIO J M, ZACARIAS A G, TOUR J M. Theoretical study of a molecular resonant tunneling diode ［J］. Journal of the American chemical society, 2000, 122 (13): 3015 –3020.

［177］ LONG M, CHEN K, WANG L, et al. Negative differential resistance induced by intermolecular interaction in a bimolecular device ［J］. Applied physics letters, 2007, 91 (23): 233512.

［178］ ZHAO P, LIU D S, LI S J, et al. Modulation of rectification and negative differential resistance in graphene nanoribbon by nitrogen doping ［J］. Physics letters A, 2013, 377: 1134 –1138.

［179］ PRAMANIK A, SARKAR S, SARKAR P. Doped GNR p-n junction as high performance NDR and rectifying device ［J］. The journal of physical chemistry C, 2012, 116 (34): 18064 –18069.

［180］ AN Y, WEI X, YANG Z. Improving electronic transport of zigzag graphene nanoribbons by ordered doping of B or N atoms ［J］. Physical chemistry chemical physics, 2012, 14

(45): 15802 – 15806.

[181] WANG J, LI Z, CHEN H, et al. Recent advances in 2D lateral heterostructures [J]. Nano-micro letters, 2019, 11: 1 – 31.

[182] NAM DO V, DOLLFUS P. Negative differential resistance in zigzag-edge graphene nanoribbon junctions [J]. Journal of applied physics, 2010, 107 (6): 63705.

[183] ZHENG J, YAN X, YU L, et al. Family-dependent rectification characteristics in ultrashort graphene nanoribbon p-n junctions [J]. The journal of physical chemistry C, 2011, 115 (17): 8547 – 8554.

[184] ZHU J, THOMAS A. Perovskite-type mixed oxides as catalytic material for NO removal [J]. Applied catalysis B: environmental, 2009, 92 (3): 225 – 233.

[185] FENG L M, JIANG L Q, ZHU M, et al. Formability of ABO_3 cubic perovskites [J]. Journal of physics and chemistry of solids, 2008, 69 (4): 967 – 974.

[186] IWAKUNI H, SHINMYOU Y, YANO H, et al. Direct decomposition of NO into N_2 and O_2 on $BaMnO_3$-based perovskite oxides [J]. Applied catalysis B: environmental, 2007, 74 (3): 299 – 306.

[187] LI S, GREENBLATT M. Large intragrain magnetoresistance in the double perovskite BaLaMnMoO$_6$ [J]. Journal of alloys and compounds, 2002, 338 (1): 121 – 125.

[188] MEYER B, PADILLA J, VANDERBILT D. Theory of $PbTiO_3$, $BaTiO_3$, and $SrTiO_3$ surfaces [J]. Faraday discuss. , 1999, 114: 395 – 405.

[189] KIMURA S, YAMAUCHI J, TSUKADA M, et al. First-principles study on electronic structure of the (001) surface of $SrTiO_3$ [J]. Physical review B, 1995, 51 (16): 11049.

[190] GÖKĞGLU G, YıLDıRıM H. Electronic structure and surface properties of cubic perovskite oxide $BaMnO_3$ [J]. Computational materials science, 2011, 50 (3): 1212 – 1216.

[191] WANG J, WANG E, LUO Q, et al. Modelling the sensitivity of wheat growth and water balance to climate change in southeast australia [J]. Climatic change, 2009, 96 (1 – 2): 79 – 96.

[192] WANG Y X, ARAI M, SASAKI T, et al. First-principles study of the (001) surface of cubic $CaTiO_3$ [J]. Physical review B, 2006, 73 (3): 35411.

[193] YıLDıRıM H, AĜDUK S, GÖKOĜLU G. Electronic structure of antiferromagnetic $PbCrO_3$

(001) surfaces [J]. Journal of alloys and compounds, 2011, 509 (38): 9284 – 9288.

[194] ZHU Z H, YAN X H. Half-metallic properties of perovskite $BaCrO_3$ and $BaCr_{0.5}Ti_{0.5}O_3$ superlattice: LSDA + U calculations [J]. Journal of applied physics, 2009, 106 (2): 23713.

[195] GAO G Y, YAO K. Surface sp half-metallicity of zinc-blende calcium monocarbide [J]. Journal of applied physics, 2009, 106 (5): 53703.

[196] GAO G Y, YAO K L, LI N. Preserving the half-metallicity at the surfaces of rocksalt CaN and SrN and the interfaces of CaN/InN and SrN/GaP: a density functional study [J]. Journal of physics: condensed matter, 2011, 23 (7): 75501.

[197] LI Y L, YAO K L, LIU Z L. Structure, stability and magnetic properties of the Fe_3O_4 (110) surface: density functional theory study [J]. Surface science, 2007, 601 (3): 876 – 882.

[198] 李垣德, 肖纪美. 材料表面与界面 [M]. 北京: 清华大学出版社, 1990.

[199] 丘思畴. 半导体表面与界面物理 [M]. 武汉: 华中理工大学出版社, 1995.

[200] 恽正中, 王恩信, 完利祥. 表面与界面物理 [M]. 成都: 电子科技大学出版社, 1993.

[201] ZORODDU A, BERNARDINI F, RUGGERONE P, et al. First-principles prediction of structure, energetics, formation enthalpy, elastic constants, polarization, and piezoelectric constants of AlN, GaN, and InN: comparison of local and gradient-corrected density-functional theory [J]. Physical review B, 2001, 64 (4): 45208.

[202] CHEN J, GAO G Y, YAO K L, et al. Half-metallic ferromagnetism in the half-heusler compounds GeKCa and SnKCa from first-principles calculations [J]. Journal of alloys and compounds, 2011, 509 (42): 10172 – 10178.

[203] HAMANN D R. H_2O hydrogen bonding in density-functional theory [J]. Physical review B, 1997, 55 (16): R10157.

[204] SEGALL M D, LINDAN P J, PROBERT M A, et al. First-principles simulation: ideas, illustrations and the CASTEP code [J]. Journal of physics: condensed matter, 2002, 14 (11): 2717.

[205] PADILLA J, VANDERBILT D. Ab initio study of $BaTiO_3$ surfaces [J]. Physical review B, 1997, 56 (3): 1625.

[206] VERWEY E. Lattice structure of the free surface of alkali halide crystals [J]. Recueil des travaux chimiques des pays-bas, 1946, 65 (7): 521 – 528.

[207] BROQVIST P, GRÖNBECK H, PANAS I. Surface properties of alkaline earth metal oxides [J]. Surface science, 2004, 554 (2): 262 – 271.

[208] XUE X Y, WANG C L, ZHONG W L. The atomic and electronic structure of the TiO_2-and BaO-terminated $BaTiO_3$ (001) surfaces in a paraelectric phase [J]. Surface science, 2004, 550 (1): 73 – 80.

[209] PAULING L. The theoretical prediction of the physical properties of many-electron atoms and ions. mole refraction, diamagnetic susceptibility, and extension in space [J]. Proceedings of the royal society of London. series A, 1927, 114 (767): 181 – 211.

[210] QIAN G, MARTIN R M, CHADI D J. First-principles study of the atomic reconstructions and energies of Ga-and As-stabilized GaAs (100) surfaces [J]. Physical review B, 1988, 38 (11): 7649.

[211] LI N, YAO K L, GAO G Y, et al. Surface properties of the (001) surface of cubic $BaMnO_3$: a density functional theory study [J]. Journal of applied physics, 2010, 107 (12): 123704.

[212] ZHANG J M, PANG Q, XU K W, et al. First-principles study of the (001) surface of cubic $PbTiO_3$ [J]. Surface and interface analysis, 2008, 40 (10): 1382 – 1387.

[213] MULLIKEN R S. Electronic population analysis on LCAO-MO molecular wave functions. I [J]. The journal of chemical physics, 1955, 23 (10): 1833 – 1840.

[214] PASK J E, YANG L H, FONG C Y, et al. Six low-strain zinc-blende half metals: an ab initio investigation [J]. Physical review B, 2003, 67 (22): 224420.

[215] ZHENG J, DAVENPORT J W. Ferromagnetism and stability of half-metallic MnSb and MnBi in the strained zinc-blende structure: predictions from full potential and pseudopotential calculations [J]. Physical review B, 2004, 69 (14): 144415.

[216] MIAO M S, LAMBRECHT W R. Stability and half-metallicity of transition metal pnictides in tetrahedrally bonded structures [J]. Physical review B, 2005, 71 (6): 64407.

[217] HATFIELD S A, BELL G R. Growth by molecular beam epitaxy and interfacial reactivity of MnSb on InP (001) [J]. Journal of crystal growth, 2006, 296 (2): 165 – 173.

[218] DAI R, CHEN N, ZHANG X W, et al. Net-like ferromagnetic MnSb film deposited on

porous silicon substrates [J]. Journal of crystal growth, 2007, 299 (1): 142 – 145.

[219] ALDOUS J D, BURROWS C W, SÁNCHEZ A M, et al. Cubic MnSb: epitaxial growth of a predicted room temperature half-metal [J]. Physical review B, 2012, 85 (6): 60403.

[220] ZHAO J H, MATSUKURA F, TAKAMURA K, et al. Room-temperature ferromagnetism in zincblende CrSb grown by molecular-beam epitaxy [J]. Applied physics letters, 2001, 79 (17): 2776 – 2778.

[221] WU R Q, LIU L, PENG G W, et al. First principles study on the interface of CrSb/GaSb heterojunction [J]. Journal of applied physics, 2006, 99 (9): 93703.

[222] ZU F, LIU Z, YAO K, et al. Nearly perfect spin filter, spin valve and negative differential resistance effects in a fe4-based single-molecule junction [J]. Scientific reports, 2014, 4 (1): 4838.

[223] XIA C, ZHANG B, SU Y, et al. Electronic transport properties of a single chiroptical molecular switch with graphene nanoribbons electrodes [J]. Optik, 2016, 127 (11): 4774 – 4777.

[224] LIU N, LIU J B, YAO K L. Spin transport properties of single molecule magnet Mn (dmit) 2 devices with phosphorene electrodes [J]. Journal of magnetism and magnetic materials, 2020, 498: 166145.

[225] YAO H, ZENG J, ZHAI P, et al. Large rectification effect of single graphene nanopore supported by pet membrane [J]. ACS applied materials & interfaces, 2017, 9 (12): 11000 – 11008.

[226] ZHANG N, LO W, CAI Z, et al. Molecular rectification tuned by through-space gating effect [J]. Nano letters, 2017, 17 (1): 308 – 312.

[227] SONG Y, LIU Y, FENG X, et al. Spin-selectable, region-tunable negative differential resistance in graphene double ferromagnetic barriers [J]. Physical chemistry chemical physics, 2018, 20 (3): 1560 – 1567.

[228] ZHU S, PENG S, WU K, et al. Negative differential resistance, perfect spin-filtering effect and tunnel magnetoresistance in vanadium-doped zigzag blue phosphorus nanoribbons [J]. Physical chemistry chemical physics, 2018, 20 (32): 21105 – 21112.

[229] CHEN W, MAO W, BIAN B, et al. Spin-dependent transport properties in covalent – organic molecular device with graphene nanoribbon electrodes [J]. Computational and theoretical chemistry, 2016, 1091: 85 – 91.

［230］HAN X, YANG J, YUAN P, et al. Spin-dependent transport in a multifunctional spintronic device with graphene nanoribbon electrodes ［J］. Journal of computational electronics, 2018, 17 (2): 604 – 612.

［231］GUO C, XIA C, FANG L, et al. Tuning anisotropic electronic transport properties of phosphorene via substitutional doping ［J］. Physical chemistry chemical physics, 2016, 18 (37): 25869 – 25878.

［232］SAFARI F, FATHIPOUR M, YAZDANPANAH GOHARRIZI A. Tuning electronic, magnetic, and transport properties of blue phosphorene by substitutional doping: a first-principles study ［J］. Journal of computational electronics, 2018, 17 (2): 499 – 513.

［233］KULISH V V, MALYI O I, PERSSON C, et al. Adsorption of metal adatoms on single-layer phosphorene ［J］. Physical chemistry chemical physics, 2015, 17 (2): 992 – 1000.

［234］TEYMOORI Z, FOTOOHI S, PASHANGPOUR M. Adsorption of ozone gas molecule on armchair phosphorene nanoribbons with different edge passivation types ［J］. Physica E: low-dimensional systems and nanostructures, 2019, 105: 146 – 150.

［235］PENG X, WEI Q, COPPLE A. Strain-engineered direct-indirect band gap transition and its mechanism in two-dimensional phosphorene ［J］. Physical review B, 2014, 90 (8): 85402.

［236］SIBARI A, KERRAMI Z, KARA A, et al. Strain-engineered p-type to n-type transition in mono-, bi-, and tri-layer black phosphorene ［J］. Journal of applied physics, 2020, 127 (22): 225703.

［237］SAGYNBAEVA M, PANIGRAHI P, YUNGUO L, et al. Tweaking the magnetism of MoS2 nanoribbon with hydrogen and carbon passivation ［J］. Nanotechnology, 2014, 25 (16): 165703.

［238］SHI H L, SONG M R, JIANG Z T, et al. Influence of edge passivation on the transport properties of the zigzag phosphorene nanoribbons ［J］. Physics letters A, 2020, 384 (25): 126486.

［239］YU W, ZHU Z, NIU C, et al. Dilute magnetic semiconductor and half-metal behaviors in 3d transition-metal doped black and blue phosphorenes: a first-principles study ［J］. Nanoscale research letters, 2016, 11 (1): 77.

［240］SUN L, ZHANG Z H, WANG H, et al. Electronic and transport properties of zigzag phos-phorene nanoribbons with nonmetallic atom terminations ［J］. RSC advances, 2020, 10 (3): 1400 – 1409.

［241］JIN J, WANG Z, DAI X, et al. The electronic and transport properties of the phosphorene nanoribbons ［J］. Materials research express, 2019, 6 (9): 96317.

［242］HASHMI A, HONG J. Transition metal doped phosphorene: first-principles study ［J］. The journal of physical chemistry C, 2015, 119 (17): 9198 – 9204.

［243］ZHANG Y S, YAO K L, LIU Z L. The ferromagnetic copper (II) -azido compound ［Cu (L) 2 (N3) 2］ n ［L = 4- (dimethylamino) pyridine］ studied by first-principle calcu-lation ［J］. Physica B: condensed matter, 2005, 358 (1): 216 – 223.

［244］DALAI S, MUKHERJEE P S, DREW M G B, et al. Azido bridged two new ferromagnetic Cu (II) chains: synthesis, structure and magnetic behaviour ［J］. Inorganica chimica ac-ta, 2002, 335: 85 – 90.

［245］HONG C S, DO Y. Canted ferromagnetism in a niii chain with a single end-to-end azido bridge ［J］. Angewandte chemie international edition, 1999, 38 (1 – 2): 193 – 195.

［246］COLACIO E, MAIMOUN I B, LLORET F, et al. ［Ni (cyclam) (μ1, 3 – dca) 2Cu (μ1, 5 – dca) 2］: a genuine 3D bimetallic coordination polymer containing both μ1, 3- and μ1, 5-bidentate dicyanamide bridges and a ferromagnetic interaction between copper (ii) and nickel (ii) ions ［J］. Inorganic chemistry, 2005, 44 (11): 3771 – 3773.

［247］RIBAS J, MONFORT M, GHOSH B K, et al. Two new antiferromagnetic nickel (II) complexes bridged by azido ligands in the cis position. effect of the counteranion on the crystal structure and magnetic properties ［J］. Inorganic chemistry, 1996, 35 (4): 864 – 868.

［248］ESCUER A, CASTRO I, MAUTNER F, et al. Magnetic studies on μ-azido polynuclear nickel (II) compounds with the 222-tet ligand. crystal structure of (μ – N3) 2 ［Ni (222 – tet)］ 2 (BPh4) 2 (222 – tet = triethylenetetramine) and exafs structural charac-terization of the triangular compounds (μ – N3) 3 ［Ni (222 – tet)］ 3 (X) 3 (X = PF6 – , ClO4 –) ［J］. Inorganic chemistry, 1997, 36 (21): 4633 – 4640.

［249］MONFORT M, RIBAS J, SOLANS X, et al. Synthesis, crystal structures, and magneto-structural correlations in two new one-dimensional nickel (II) complexes with azido as bridging ligand. effect of temperature [J]. Inorganic chemistry, 1996, 35 (26): 7633 –7638.

[250] REDDY K R, RAJASEKHARAN M V, TUCHAGUES J P. Synthesis, structure, and magnetic properties of Mn (salpn) N3, a helical polymer, and Fe (salpn) N3, a ferromagnetically coupled dimer (salpnH2 = N, N '-bis (salicylidene) -1, 3-diaminopropane) [J]. Inorganic chemistry, 1998, 37 (23): 5978 –5982.

[251] PANJA A, SHAIKH N, VOJTÍŠEK P, et al. Synthesis, crystal structures and magnetic properties of 1D polymeric [Mniii(salen) N3] and [Mniii(salen) Ag(CN)2] complexes [J]. New journal of chemistry, 2002, 26 (8): 1025 –1028.

[252] MASUMORI K, SASAKAWA T, IGA F, et al. Pressure effects on the phase transitions and energy gap in CeRhAs [J]. Physical review B, 2005, 71 (6): 64110.

[253] GE C, CUI A, NI Z, et al. μ1, 1-Azide-bridged ferromagnetic MnIII dimer with slow relaxation of magnetization [J]. Inorganic chemistry, 2006, 45 (13): 4883 –4885.

[254] SALAMI T O, FAN X, ZAVALIJ P Y, et al. Hydrothermal synthesis and characterization of a layered cobalt phenylphosphonate, Co(PhPO$_3$)(H$_2$O) [J]. Dalton transactions, 2006 (12): 1574 –1578.

[255] BELLITTO C, FEDERICI F, COLAPIETRO M, et al. X-ray single-crystal structure and magnetic properties of Fe[CH$_3$PO$_3$)] · H$_2$O: a layered weak ferromagnet [J]. Inorganic chemistry, 2002, 41 (4): 709 –714.

[256] BAUER E M, BELLITTO C, COLAPIETRO M, et al. Layered hybrid organic-inorganic Co (II) alkylphosphonates. Synthesis, crystal structure and magnetism of the first two members of the series: Co[(CH$_3$PO$_3$)(H$_2$O)] and Co[(C$_2$H$_5$PO$_3$)(H$_2$O)] [J]. Journal of solid state chemistry, 2006, 179 (2): 389 –397.

[257] YAO K L, LI Y L, LIU Z L, et al. The electronic structure and the ferromagnetic properties of Fe[CH$_3$PO$_3$] · H$_2$O[J]. Physica B: condensed matter, 2005, 369 (1): 123 –128.

[258] RAMACHANDRAN G K, HOPSON T J, RAWLETT A M, et al. A bond-fluctuation mechanism for stochastic switching in wired molecules [J]. Science, 2003, 300 (5624): 1413 –1416.

[259] MALIC E, WEBER C, RICHTER M, et al. Microscopic model of the optical absorption of carbon nanotubes functionalized with molecular spiropyran photoswitches [J]. Physical review letters, 2011, 106 (9): 97401.

[260] COMSTOCK M J, LEVY N, KIRAKOSIAN A, et al. Reversible photomechanical switching of individual engineered molecules at a metallic surface [J]. Physical review letters, 2007, 99 (3): 38301.

[261] SAMANTA M P, TIAN W, DATTA S, et al. Electronic conduction through organic molecules [J]. Physical review B, 1996, 53 (12): R7626.

[262] MAGOGA M, JOACHIM C. Conductance of molecular wires connected or bonded in parallel [J]. Physical review B, 1999, 59 (24): 16011.

[263] TAYLOR J, BRANDBYGE M, STOKBRO K. Conductance switching in a molecular device: the role of side groups and intermolecular interactions [J]. Physical review B, 2003, 68 (12): 121101.

[264] VERGNIORY M G, GRANADINO-ROLDAN J M, GARCIA-LEKUE A, et al. Molecular conductivity switching of two benzene rings under electric field [J]. Applied physics letters, 2010, 97 (26): 262114.

[265] KIKKAWA J M, AWSCHALOM D D. Lateral drag of spin coherence in gallium arsenide [J]. Nature, 1999, 397 (6715): 139.

[266] TSUKAGOSHI K, ALPHENAAR B W, AGO H. Coherent transport of electron spin in a ferromagnetically contacted carbon nanotube [J]. Nature, 1999, 401 (6753): 572.

[267] SANVITO S. Injecting and controlling spins in organic materials [J]. Journal of materials chemistry, 2007, 17 (42): 4455 – 4459.

[268] RAY K, BEGUM A, WEYHERMÜLLER T, et al. The electronic structure of the isoelectronic, square-planar complexes [FeII(L)2]2- and [CoIII(LBu)2]- (L2- and (LBu) 2- = Benzene-1,2-dithiolates): an experimental and density functional theoretical study [J]. Journal of the American chemical society, 2005, 127 (12): 4403 – 4415.

[269] LEE A T, KANG J, WEI S, et al. Carrier-mediated long-range ferromagnetism in electron-doped Fe-C 4 and Fe-N 4 incorporated graphene [J]. Physical review B, 2012, 86 (16): 165403.

[270] ZENG J, CHEN K. Magnetic configuration dependence of magnetoresistance in a Fe-porphyrin-like carbon nanotube spintronic device [J]. Applied physics letters, 2014, 104 (3): 33104.

[271] CHAUDHURI P, VERANI C N, BILL E, et al. Electronic structure of bis (o-imino-

benzosemiquinonato) metal complexes (Cu, Ni, Pd). the art of establishing physical ox-idation states in transition-metal complexes containing radical ligands [J]. Journal of the American chemical society, 2001, 123 (10): 2213 – 2223.

[272] LIU N, LIU J B, YAO K L, et al. Efficient spin-filter and negative differential resistance behaviors in FeN4 embedded graphene nanoribbon device [J]. Journal of applied physics, 2016, 119 (10): 104301.

[273] BOUSSEAU M, VALADE L, LEGROS J P, et al. Highly conducting charge-transfer com-pounds of tetrathiafulvalene and transition metal-" dmit" complexes [J]. Journal of the American chemical society, 1986, 108 (8): 1908 – 1916.

[274] WU Q, ZHAO P, LIU D, et al. Rectifying, giant magnetoresistance, spin-filtering, new-gative differential resistance, and switching effects in single-molecule magnet Mn (dmit)₂-based molecular device with graphene nanoribbon electrodes [J]. Organic electronics, 2014, 15 (12): 3615 – 3623.

[275] AN Y, YANG Z. Spin-filtering and switching effects of a single-molecule magnet Mn (dmit) 2 [J]. Journal of applied physics, 2012, 111 (4).

[276] SU Z, AN Y, WEI X, et al. Spin-dependent thermoelectronic transport of a single mole-cule magnet Mn (dmit) 2 [J]. The Journal of chemical physics, 2014, 140 (20).

[277] CHOPRA H D, SULLIVAN M R, ARMSTRONG J N, et al. The quantum spin-valve in cobalt atomic point contacts [J]. Nature materials, 2005, 4 (11): 832 – 837.

[278] DJAYAPRAWIRA D D, TSUNEKAWA K, NAGAI M, et al. 230% room-temperature magnetoresistance in CoFeB/ MgO/ CoFeB magnetic tunnel junctions [J]. Applied physics letters, 2005, 86 (9): 1 – 17.

[279] MCCREERY R L, BERGREN A J. Progress with molecular electronic junctions: meeting experimental challenges in design and fabrication [J]. Advanced materials, 2009, 21 (43): 4303 – 4322.

[280] LI Z, LI B, YANG J, et al. Single-molecule chemistry of metal phthalocyanine on noble metal surfaces [J]. Accounts of chemical research, 2010, 43 (7): 954 – 962.

[281] EGAMI Y, TANIGUCHI M. First-principles study on electron transport through Mn (dmit)₂ molecular junction depending on relative angle between ligands [J]. Japanese journal of applied physics, 2017, 57 (2): 21601.

[282] LIU N, LIU J B, YAO K L. Efficient spin-filtering, magnetoresistance and negative differential resistance effects of a one-dimensional single-molecule magnet Mn（dmit）2-based device with graphene nanoribbon electrodes [J]. AIP advances, 2017, 7（12）: 125117.

[283] ZHAO P, LIU D, LI S, et al. Giant low bias negative differential resistance induced by nitrogen doping in graphene nanoribbon [J]. Chemical physics letters, 2012, 554: 172 – 176.

[284] ZHANG D H, YAO K L, GAO G Y. The peculiar transport properties in pn junctions of doped graphene nanoribbons [J]. Journal of applied physics, 2011, 110（1）: 13718.

[285] DE ALMEIDA J M, ROCHA A R, DA SILVA A J, et al. Spin filtering and disorder-induced magnetoresistance in carbon nanotubes: ab initio calculations [J]. Physical review B, 2011, 84（8）: 85412.